讀品文化

個人的力量有限，團隊的力量才是無窮

打造員工的腦袋 就是打造老闆的口袋

李翔生 編著

Building a Brain, Funding a Business

二十一世紀最重要的是人才。
股票選擇權和錢，都無法和人才相比。

永續圖書線上購物網　讀品文化事業有限公司

WWW.foreverbooks.com.tw　yungjiuh@ms45.hinet.net

全方位學習系列 54

打造員工的腦袋，就是打造老闆的口袋

編　　著　李翔生
出 版 者　讀品文化事業有限公司
執行編輯　林美娟
美術編輯　蕭若辰

腾讯读书 BOOK.QQ.COM　华夏原创网 www.yuanchuang.com

本書經由北京華夏墨香文化傳媒有限公司正式授權，同意由讀品文化事業有限公司在港、澳、臺地區出版中文繁體字版本。

總 經 銷　永續圖書有限公司
TEL／(02)86473663
FAX／(02)86473660
劃撥帳號　18669219
地　　址　22103　新北市汐止區大同路三段 194 號 9 樓之 1
TEL／(02)86473663
FAX／(02)86473660
出 版 日　2014年09月

法律顧問　方圓法律事務所　涂成樞律師
CVS代理　美璟文化有限公司
TEL／(02)27239968
FAX／(02)27239668

國家圖書館出版品預行編目資料

打造員工的腦袋,就是打造老闆的口袋/李翔生編著.
-- 初版. -- 新北市 : 讀品文化, 民103.09
面 ; 公分. -- (全方位學習 ; 54)
ISBN 978-986-5808-62-4(平裝)
1.企業領導 2.組織管理
494.2　103014080

前言

對於管理者來說，始終要明白的事情就是：員工的想法很可能與你迥然不同。每一個人在團隊中都有自己的定位和價值，管理者要做的就是以包容的態度，使能力高的、能力差的、性格剛烈的、柔軟的人，都能夠在一個團隊裡工作。這才是一個好領導者最應該具備的特質，其他諸如業務能力等，都是次要的。

團隊的作用就在於，透過合作讓團隊成員做到「一加一大於二」的效果。合作不好，會形成嚴重的內耗，不但不能「一加一大於二」，反而會「一加一小於二」。所以，建立互補型的合作機制，對一個團隊的成功至關重要。

馬雲覺得二十一世紀人才最重要。對阿里巴巴來講，股票選擇權和錢，都無法和人才相比。員工就是公司最好的財富，有共同價值觀和企業文化的員工，更是最大的財富。如果今天銀行的利率是百分之二，那麼把這些錢投注在員工身上，給予他們培訓，那麼員工能夠創造的財富將遠遠不止兩個百分點。

在招攬人才的時候，馬雲並沒有給應徵者過多的許諾。他唯一能許諾的是任職期間的痛苦、委屈、不理解、難以溝通和失敗後的努力，那才是加入阿里巴巴團隊的真正財富。從馬雲的角度來看，在阿里巴巴工作，必須都是有夢想的人。因爲只有把工作當作一種深造和學習來對待，才是創業型人才應該具備的素質。

阿里巴巴二〇〇四年沒有在廣告上花一分錢，卻在培訓上花了幾百萬元，他覺得這將會爲公司帶來最大的回報。自創業以來，阿里巴巴最初的十八個創業者，現在一個都不少。別的公司就算出了三倍薪水挖角，他們也從不動心。馬雲還說了風涼話：「三倍當然是不會去了，如果五倍還可以考慮一下。」阿里巴巴之所以如此具有吸引力的原因，馬雲是這樣解釋的：「在阿里巴巴工作三年就等於上了三年研究所，他將要帶走的是腦袋，而不是口袋。」

除了打造員工的腦袋，管理者自己也必須隨時與時俱進，養成每天關注各類新產業新聞、經濟新聞、政治新聞、社會新聞的習慣，這樣才能抓住時代趨勢。而你所帶領的企業，才能真正跟上世界經濟發展，在大趨勢裡賺大錢。

目錄 Contents

關鍵的成本控制
CHAPTER 16

管理者要做最稱職的配角
CHAPTER 17

成功的陷阱
CHAPTER 18

管理者的殺手
CHAPTER 19

打造員工的**腦袋**，就是打造老闆的**口袋**

Building a Brain,
Funding a Business

CHAPTER 01

管理者要耐得住寂寞

Building a Brain, Funding a Business

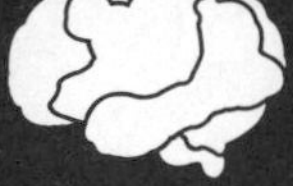

有人說，

守得住寂寞是一種悲壯的美麗，

是呼喚理性的天籟，

是人生珍貴的箴言。

它需要長期的艱苦磨練和凝重的自我修養，

耐得住寂寞是一種有價值、有意義的累積，

而耐不住寂寞往往是對寶貴人生的揮霍。

只給人看　應該看到的

距離產生威嚴。再偉大的人其實都是凡人，都有平庸瑣碎的一面。要讓人對你保持敬畏，最穩妥的辦法就是只讓人看到應該看到的那一面。所以，管理者一定要善待下屬，但同時又要與下屬保持一定的距離。

管理學中有一則寓言。兩隻困倦的刺蝟，由於寒冷而擁在一起。但因為身上都長著刺，一靠近便刺痛了對方，它們只好分開一段距離。可是又冷得受不了，於是又湊在一起。幾經折騰，兩隻刺蝟終於找到了一個合適的距離：既能互相獲得對方的溫暖又不至於被刺傷。

「刺蝟」法則就是人際交往中的「心理距離效應」。領導者爲了做好工作，的確應該與下屬保持親密關係，以獲得下屬的尊重；但也要與下屬保持好一定的心理距離，以避免下屬之間彼此嫉妒，關係緊張。同時也可以減少下屬對自己的恭維、奉承、送禮、行賄等行為，以防止自己在工作環境中喪失應有的原則。

「僕人眼裡無偉人。」這是法國偉人戴高樂的名言。此話怎講呢?當所謂的偉人，生命中的一點一滴，甚至每個毛孔都呈現在你眼前時，你不僅會發現他只是個凡人（或許某些方面比較突出的凡人）。更有甚者，你會發現在某個不知名的角落裡，他也有那麼多可恥而不為人知的缺點。

領袖的魅力來自於神秘感。事實上，假如一個人總是容易被人一眼看穿，不僅難以受到別人的尊重，還會因此令人更加意防範，甚至陷自己於危險的境地。

馬克•吐溫說：「每個人都像一輪明月，雖有光明的一面，同時也有從不在人前顯示的黑暗面。」羅曼•羅蘭說：「每個人的心底，都有一座埋藏記憶的小島，永不向人打開。」每個人都應守住自己的秘密。秘密不輕易示人，是對自己負責的行為。

不要讓自己的過去人盡皆知。向人過度公開自己的秘密，最後吃虧的肯定是自己。人與人的關係總是變動不停的，今日為朋友，明日成敵人的事例屢見不鮮。你把過去的秘密完全告訴別人，一旦雙方關係發生變化，你卻再也不可能把秘密收回來。這個時候，如果對方別有用心，說不定就會用你的秘密當作把柄，對你進行攻擊、要脅，弄得你聲名狼藉、焦頭爛額。

正如管理大師杜拉克在《未來的領導者》中所說：「孤獨、疏遠和嚴肅，有可能和總裁的性格不相容——這和我的性格也是格格不入的。但是，這樣做是我的責任。」

浮躁　是事業的大敵

有人說，守得住寂寞是一種悲壯的美麗，是呼喚理性的天籟，是人生珍貴的箴言。這句話含有兩層意義。第一，能守得住寂寞者，他的氣度與修養，克制與堅忍，信念與定力，也正受著新形勢和環境的挑戰；第二，是告誡人們，成功只與那些「守得住寂寞」的人交朋友，浮躁是事業的大敵。

這是一個在地圖上找不到的小島，但歷史上西方列強曾七次從這個海域入侵北京和天津。

現在這個小島上駐守著官兵和雷達站，新一代的海島雷達兵在艱苦寂寞、氣候惡劣的自然環境中，用青春和汗水鑄起了一道天網。近年來，連隊雷達情報正確率始終保持在百分之百的完整度，先後二十多次圓滿完成中俄聯合軍事演習等重大任務，被譽為京津門戶上空永不沉睡的「忠誠哨兵」。

在這個雷達站裡，百分之八十的官兵都是一九八〇年以後才出生的年輕人，百分之七十的官兵來自城市經濟發達地區和農村富裕家庭，百分之五十的官兵擁有大專以上學歷。儘管如此，這些新一代軍人依舊像當年的老兵一樣，能吃苦、肯奉獻、願拼命。

風平浪靜的時節裡，小島十分美麗，初進海島的官兵都會感到神清氣爽。但只要不出一個星期，無法言喻的孤獨和寂寞就會悄然爬上心頭。白天官兵四目相對，晚上只有海風的聲音。值班時，盯著枯燥的雷達螢幕看天外目標；休息時，圍著電視機看外面的世界。除了連隊的活動場所之外，小島上沒有任何可供官兵休閒娛樂的去處。每當有客船來島，聽到進港的汽笛聲，沒有值班任務的官兵就會歡呼雀躍地拉起拖車跑向碼頭，去迎接捎給連隊的貨物，順便看一眼島外來人的陌生面孔，呼吸幾口船艙帶來的島外空氣。孤島上的寂寞，連祖祖輩輩生活在這裡的漁民都感慨：「初來小海島，心境比天高；常住小海島，不如死了好」。

五年間，六十多名戰士從當兵到退伍，都沒有出過島，守住了孤獨，守住了寂寞。連續十二年都被評為軍事訓練一級單位，先後兩次被空軍評為基層建設標兵連隊，獲得集體二等功、三等功各一次。

耐得住寂寞，是所有成就事業者遵循的原則。它以踏實、厚重、沉思的姿態作爲特徵，以嚴謹、嚴肅、嚴峻的表象追求著人生的目標。

「論至德者不和於俗，成大功者不謀於眾。」這句話意思是：至高無上之道德者，是不與世俗爭辯的；而成就大業者是不與老百姓和謀的。這話乍聽起來似乎有悖於歷史唯物主義，但細細想來，也不無道理。「頭懸樑錐刺骨」也好，「孟母三遷」、「鑿壁偷光」也好，說的大都是成大業者在創業初期能耐得住寂寞。古今中外，概莫能外。門捷列夫化學週期表的誕生，居里夫人鐳元素的發現等，都是在寂寞中扎扎實實做學問，經過反反覆覆冷靜思索和實驗後，才得以成功的。

每個人的際遇都不會相同，但只要你耐得住寂寞，不斷充實、完善自己，當際遇向你招手時，就能很快把握，獲得成功。

耐得住寂寞是一個人的素質，不是與生俱來，也不是一成不變，它需要長期的艱苦磨練和凝重的自我修養。耐得住寂寞是一種有價值、有意義的累積，而耐不住寂寞往往是對寶貴人生的揮霍。

作爲企業的領導者，「耐得住寂寞」是一種必須具備的素質。如果你耐不住寂寞，覺得一直坐在辦公桌前看各種電子郵件和報表很枯燥，不如去陪客戶喝酒吃飯來得痛快，那麼企業的舵誰來掌？企業的問題誰來發現？如果你耐不住寂寞，看到漂亮的下屬就想接近曖昧，企業的風氣和文化何存？領導者的威嚴何在？

領導者身上的擔子很重，切忌浮躁。坐下來好好做點事情吧，這點寂寞，比起自我價值的實現和企業的未來，根本不值一提。

CHAPTER 02

跟唐僧學管理

Building a Brain,
Funding a Business

唐僧是領導者，看似什麼都沒做，

卻是一個最會扮豬吃老虎的角色。

他沒有任何法力，

但是如來、觀音、玉帝、大唐皇帝等各層上級，

對他的信任是有其道理的。

若是換成孫悟空、豬八戒、沙悟淨中的任何人

擔任領導者，肯定都會亂套。

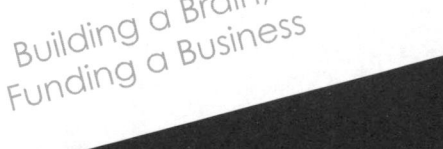

唐僧的　完美團隊

《西遊記》裡唐僧、孫悟空、豬八戒、沙悟淨是四個性格能力截然不同的角色，但無論怎麼吵吵鬧鬧，他們都一起經歷過九九八十一難，取到了真經。與「劉備、關羽、張飛、諸葛亮」這樣的完美團隊相比，其實最好的團隊還是唐僧取經的團隊。

唐僧是領導者，看似什麼都沒做，卻是一個最會扮豬吃老虎的角色。他沒有任何法力，說起降妖伏魔的本領，他連白龍馬都比不上，但他卻肩負西天取經團隊的領導任務，這是很多爲孫悟空叫屈的人非常想不通的問題。但是如來、觀音、玉帝、大唐皇帝等各層上級，對他的信任和看好卻有其道理的。仔細想想，若是換成孫悟空、豬八戒、沙悟淨中的任何人擔任領導者，肯定都會亂套。因爲他們身上沒有唐僧的三大領導者素質。

第一項素質是：目標堅定。既然受了大唐皇帝之命去西天取經，就絕對沒有退縮的可能。西行是一場辛苦異常的旅程，換做是悟空肯定早就溜回花果山和他的猴兒子民們逍遙自在去了。並且悟空真正的樂趣是：「抓幾個妖怪玩玩」，他有著與眾不同的技術型工作狂傾向，他天性頑皮、直言不諱，就算是最高層領導者玉皇大帝或各大神仙來到他面前，他也不放在眼裡。這一點就註定他無法成爲一個卓越的領導者。換了左眼色咪咪右眼輕佻佻的豬八戒，他不是打回高家莊娶親，就是聚眾調戲良家婦女，他毫不掩飾的壞品德，使他壓根就不可能有服眾的可能性。沙悟淨看起來的確比較老實，但又太老實了，一個整天悶不出聲的老好人，又怎麼鎮壓得住像悟空那種五百年前就敢大鬧天宮的調皮鬼呢？至於八戒的奸詐狡猾，他更是沒法對付。而唐僧從一開始，就爲這個團隊設定了西天取經的偉大願景，而且歷經磨難，從不動搖。

企業領導人本身就是企業文化的傳承者和傳播者，只有自己堅定不移地信奉公司文化，並且以身作則，才能凝聚其他成員，爲了共同的目標而奮鬥。

第二項素質，也是最厲害的一項，就是唐僧手握緊箍咒，以權制人。如果唐僧沒有緊箍咒，還整天干涉悟空的行動，大概早就被脾氣暴躁的孫悟空一棒打死了。心高氣傲的齊天大聖，根本不可能乖乖聽他的話地去化緣、餵馬、打妖怪，做這些他從來不屑做的事情。緊箍咒就是身爲領導者的權威，這種權威使得即使「將在外」，也無法「君命有所不受」。孫悟空就算可以一個跟斗翻出十萬八千里外，也頂不住唐僧緊箍咒的永恆控制。一個領導者如果沒有權威，也就無法成爲領導者。但是唐僧從來不濫用自己的權力，只有在大是大非的時候，才動用自己的懲罰權，這一點也非常值得企業領導者借鑒。權威的確很管用，但過度使用權威就會走向另外一個極端，導致受到權威的懲罰。

第三項，就是令人在情感上願意追隨。具體來說，這就是一種類似親和力的力量。在最初孫悟空並不尊重唐僧，甚至心裡覺得跟著一個這麼不如自己的領導者很窩囊。但是在師徒四人歷經艱險之後，卻被唐僧的執著、善良和對自己的關愛感化了，反而死心塌地的保護唐僧取經。即使是被唐僧趕走，也會因爲唐僧有難，不計前嫌地重新回到團隊之中。可見作爲一個團隊領導者，在情感管理上的功夫也是非常重要的。傳統文化思想的影響總是特別深刻，一旦產生了感情，就會產生情感上的依附和忠誠。

每一個人在團隊中都有自己的定位和價值，管理者要做的就是以包容的態度，使能力高的、能力差的、性格剛烈的、柔軟的人，都能夠在一個團隊裡工作。這才是一個好領導者最應該具備的素質。其他諸如業務能力等，都是次要的。

人才可以互補

一個交響樂團內部有各種各樣的樂器和演奏者，大家必須相互協作，才能演奏出美妙的樂曲。團隊的作用就在於，透過合作讓團隊成員做到「一加一大於二」的效果；合作不好，會形成嚴重的內耗，不但不能「一加一大於二」，反而會「一加一小於二」。所以，建立互補型的合作機制，對一個團隊的成功至關重要。

那麼如何才能鑄就一個成功的互補型團隊呢？唐僧團隊西天取經的經歷，為我們提供了最好的範例。關於唐僧團隊的精妙所在，阿里巴巴總裁馬雲說：「唐僧團隊是我最欣賞的。唐僧這個人不是很會講話，也不像個領導者的樣子，但是他很懂得領導團隊。這個團隊去西天取經沒有半路散掉，就是因為領導得力。唐僧是一個好領導者，他知道孫悟空要嚴加管束，所以他會念緊箍咒；豬八戒小毛病多，但不會犯大錯，偶爾罵罵就可以；沙悟淨則需要經常鼓勵。就這樣，一個明星團隊成形了。

「孫悟空武功高強，品德也不錯，唯一遺憾的是脾氣暴躁。一般公司團隊裡一定有這樣的人。豬八戒有些狡猾，但沒有了他，生活就少了很多情趣。這樣的人公司裡也不少。而像沙和尚這樣的人，公司裡就更多了，他不講人生觀、價值觀等形而上的東西，單純認爲『這是我的工作』，工作做完了就下班。就是這四類人，千辛萬苦取得了真經。這種團隊是最好的團隊，這樣的企業才會成功。」

在馬雲眼中，一個團隊不可以全部都是孫悟空，也不能都是豬八戒，更不能都是沙悟淨。「要是公司裡的員工都像我這麼能說，而且光說話不做事，會非常可怕。我不懂電腦，對銷售也不在行，但只要公司裡有人懂就行了。」

企業管理者應該向唐僧學習，「用人用長處、管人管到位」即可。畢竟，企業僅憑一人之力，永遠不可能做大，只有建立互補型團隊，發揮團隊成員優勢互補的作用，才能突破發展的瓶頸。在組建團隊的時候，像唐僧的取經團隊這樣出色的人才配置很值得借鑑。

一、德者居上。大企業的管理者要刻意淡化自己的專業才能，以用人唯能，以攻心爲上。要有胸懷和眼光，有胸懷就能容人，有眼光就不會犯決策錯誤。唐僧這兩樣都做到了。

二、能者居前。孫悟空是一位優秀的職業經理人，他對團隊的作用無可替代。對於這樣的能者，團隊應該充分允許其施展才華，只要在超越底線時念緊箍咒加以約束即可。

三、勞者居下。沙悟淨是最平凡樸實的工作人員。如果說豬八戒和孫悟空還有缺陷的話，那麼沙悟淨就是一百分。大多數員工最難做到的就是保持沉默、任勞任怨，而沙悟淨做到了。

孫悟空、豬八戒、沙悟淨三個人都有明顯的優點和缺點，包括唐僧自己也是。但是這四個人卻可以歷經磨難取得真經，關鍵就在於唐僧的領導力。「用人所長，優勢互補」，這是管理的精髓。唐僧的管理理念和方法值得所有領導者學習。

用互補思維　建設互補團隊

對於企業家和管理者而言，應該如何運用互補思維，建設互補型團隊呢？

英國團隊管理專家馬里帝茲．貝爾賓對互補型團隊的研究卓有成效。他透過實驗觀察發現，由不同個性的成員所組成的團隊，比起其他團隊來得更易取得成功。而且，分析過團隊組合的缺陷之後，再來調配合適的人員，再不成功的團隊也會得到改進的機會。

在貝爾賓的研究中，他找出了組成一個理想團隊所需的九種性格原型，分別扮演的功能是：

一、傳播者

有創造力、想像力、不墨守成規、能解決棘手問題，這種性格可讓人接受的毛病是：不善於和普通人打交道。

二、協調者

成熟、自信、值得信賴，是一個很好的領袖、能夠促使決策制定。但這種性格也往往並不是最聰明的人。

三、塑造者

有活力的、對人友好、容易激動、有挑戰力、能夠找到繞過障礙的道路，但這類人也往往脾氣暴躁。

四、團隊工蜂

會交際、溫和、能理解別人、樂於助人、會傾聽，屬於建設型人格，能避免摩擦，但在緊要關頭這些人總是下不了決斷。

五、完成者

辛苦操勞、盡職、性急、能杜絕任何差錯、按時提交成果，但這類人總是過度憂慮，不願將工作託付給他人。

六、實施者

遵守紀律、值得信賴、保守、有效率、言出必行，只是有點不夠靈活。

七、資源調查者

性格外向、熱心、善於交流、善於找尋機會，不過三分鐘熱度，當初期的熱情退卻之後，興趣便很快消退。

八、專家

獨立思考、做事主動，有獻身精神、能提供稀有的知識和技能，但不可避免地，他們能夠貢獻的範圍也很窄。

九、監控評估者

冷靜、有策略眼光、有辨別力、看問題的角度全面、善於判斷，但是這類人缺乏的是感染力。

這九個性格分類經過證明極爲精確，直到今天仍被各類組織所採用。在過去的十年間，隨著人們對團隊工作的興趣增長，人們對馬里帝茲·貝爾賓的著作也開始充滿興趣。在他後續的一系列著作中，貝爾賓仍然在不斷完善和擴展自己的理論。

對於企業團隊的管理而言，互補型團隊更具有操作性。儘管團隊成員都不是最優秀的，各有各的缺點，但是他們的優勢和性格卻可以完美互補。表面上他們的性格是衝突的，實際上卻能互相依靠、共同前進。一個企業之所以成功，正是因爲團隊能夠成功，而不是個人的成功。在專業分工越來越精密的情況下，管理者必須學會用互補的思維，來打造互補型的卓越團隊。

運用之妙，存乎一心！企業家要舉一反三、觸類旁通，將互補思維推廣應用到企業經營活動的各方面，並從中受益。

打造員工的**腦袋**，就是打造老闆的**口袋**

Building a Brain,
Funding a Business

CHAPTER 03

空頭支票」支出的是領導者的誠信

Building a Brain, Funding a Business

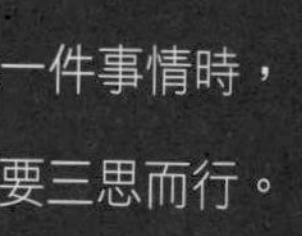

「承諾就是欠人一個希望。」

所以當你要應承別人某一件事情時，

一定要三思而行。

因為當對方沒有得到你的承諾時，

他就不會心存希望，

更不會浪費時間焦急等待，

自然也不會有失望的慘痛感受。

君無戲言

古時皇帝都講究「君無戲言」。身居高位者，一言一行都會受到很多人的監督。帝王食一次言，跟市井小民耍一次賴造成的後果，天差地別。高處不勝寒，站得越高，摔得越慘。所以身為領導者，一定要時刻注意自己的言行，不要亂開「空頭支票」。

這一點，阿里巴巴總裁馬雲就做得非常好。他在管理過程中，經常強調不給任何承諾的原則，總是用事實和行動來說話。馬雲不承諾任何人加入阿里巴巴會升官發財，因為升官發財、股票這些東西都是自己努力的結果；但是他承諾加入阿里巴巴的同仁一定會很倒楣、很冤枉，績效很好但卻不得長官青睞，這些東西他都能承諾。然而只要經歷過這些之後，從阿里巴巴出去的人一定滿懷信心，可以自己創業，可以在任何一家公司表現得很好。他們會想：我連阿里巴巴都待過了，什麼樣的公司我待不住？

在招攬人才的時候，馬雲並沒有給應徵者過多的許諾。他唯一能許諾的是痛苦、委屈、不理解、難以溝通和失敗後的努力，那才是加入阿里巴巴團隊的真正財富。在馬雲看來，進入阿里巴巴工作的人，必須都是有夢想的人。因為只有把工作當作一種深造和學習來對待，才是創業型人才應該具備的素質。馬雲覺得二十一世紀人才最重要，對阿里巴巴來講，股票選擇權和錢，都無法和人才相比。員工就是公司最好的財富，有共同價值觀和企業文化的員工，更是最大的財富。如果今天銀行的利率是百分之二，那麼把這些錢投注在員工身上，給予他們培訓，那麼員工能夠創造的財富將遠遠不止兩個百分點。

馬雲家的幫傭，每月薪水是人民幣一千兩百元。而杭州的市場行情是八百元，所以她做得很開心，因為她覺得得到了尊重。而那些高層月薪人民幣四、五萬元，即使替他們加個一、兩萬，他們也不會感到有什麼不同。但是只要對基層員工加一些，肯定就會士氣會大增。所以只要能做到的工作，不需要承諾，馬雲都會極力去完成。對於所有在阿里巴巴門口徘徊的人才，馬雲表示只要是人才他都要。阿里巴巴二〇〇四年沒有在廣告上花一分錢，卻在培訓上花了幾百萬元，他覺得這將會為公司帶來最大的回報。阿里巴巴有一百二十萬的會員，而且連續兩次被哈佛評為「全球最佳案例」，連續兩次被《富比士》評為「最佳 B2B 網站」。在網路電子商務領域，阿里巴巴會員數躍居全世界第一位。若是沒有優秀的員工，企業根本沒法做到這些。可是這些成績，似乎都不是馬雲當初用金銀誘惑得到的人才所完成的，而是他沒有給予承諾，或者是以殘酷的承諾逼出來的。

馬雲說他經歷了很多，到今天為止阿里巴巴在尋找人才上還是困難重重。最艱難的是在二〇〇一年網路業進入冬天的時候，阿里巴巴當時沒有品牌，可以用的資金非常少，在整個市場形勢不是非常好的情況下，大家聽到網際網路第一個反應轉身就跑。當時有很多人進來，也有很多人出去。馬雲記得有一位年輕人剛剛進入公司，他跟那位年輕人說，希望在最艱難的時候他能夠堅持不放棄，而對方也承諾五年之內絕對不會走。這五年來和他同期進入阿里巴巴的同事都走了，每當他快堅持不下去的時候，馬雲總會提起他當時講過的話。後來那位年輕人果然堅持住，也獲得了成功。

自創業以來，阿里巴巴公司最初的十八個創業者，現在一個都不少。別的公司就算出了三倍薪水挖角，他們也從不動心。馬雲甚至說了風涼話：「三倍當然是不會去了，如果五倍還可以考慮一下。」阿里巴巴對人才如此具有吸引力的原因，馬雲這樣解釋：「在阿里巴巴工作三年就等於上了三年研究所，他將要帶走的是腦袋而不是口袋。」

「承諾或不承諾」無法展現一個人的能力，「怎麼執行和如何去做」才是關鍵。一個好領導者，從不輕易開口承諾別人美好的未來，而是用行動來激勵大家，一起把握寶貴的今天，造就幸福的明天。

一旦承諾就是欠人一個希望

「承諾就是欠人一個希望。」所以當你要應承別人某一件事情時，一定要三思而行。因為當對方沒有得到你的承諾時，他就不會心存希望，更不會浪費時間焦急等待，自然也不會有失望的慘痛感受。相反地，你若承諾了人，無疑在他心裡播下希望，此時他可能拒絕外界的其他誘惑，一心指望你的承諾能夠兌現。而一旦希望落空，那對他而言將是一場扼殺，結果你很可能會毀滅了他已經制訂的美好計畫，或者令他延誤了尋求其他外援的時機。

如此一來，你的形象就會大跌，別人會因你不能信守承諾而不相信你，也不願再與你共事，不願再與你打交道。此後，你只能孤軍奮戰。在生活或工作上不負責任地許下各種承諾而不能兌現，只會讓別人留下惡劣的印象。所以，如果你承諾了某件事，就必須辦到；如果你辦不到或不願去辦，那麼在一開始就不要答應別人。

一、承諾時要留下餘地

成功的人很會注意承諾內容的細節，他不會輕易承諾某一件事，即使很有把握，也不會輕易承諾。而生活中有許多人卻總是把握不了承諾的分寸，他們的承諾很輕率，不替自己留下絲毫的餘地，結果是自己許下的諾言無法得到實現。

某大學系主任，向系內青年教師許諾會讓其中三分之二的人升任中等職稱。但當他向學校申報時卻被打了回票，學校當然不能給他那麼多名額。無論他如何據理力爭，都還是不能解決問題。他又不願意把現況傳達給系裡面的教師，每回見面只對他們說：「放心，放心，我既然答應了，一定要做到。」

最後，職稱評定結果公佈了，眾人大失所望，把他罵得狗血淋頭。甚至有人當面指著他說：「主任，我的中等職稱呢?你答應過的呀！」而校長也說他太過獨斷獨行。從此，他既在系裡信譽掃地，校長也對他失去了好感。

因此，在工作時不要輕率許諾，許諾時也不要斬釘截鐵地拍胸脯，應留下一定的餘地。當然，所謂留下餘地並不是允許自己不作努力只要尋找理由，而必須是竭盡全力地去實現諾言。

二、即使是辦得到的事，也不要馬上答應

事物的變化總是難以預測的，你原來可以輕鬆做到的事，可能會因爲時間的推移、環境的變化而有一定的難度。如果你太輕易地做下承諾，就會替自己將來的行動增加困難，對方會因爲你現在的承諾，而導致將來失望。

所以，即使是自己的事，也不要輕易承諾，否則一旦遇上某種變故，導致本來能做到的事沒做到，這樣一來，你在別人眼裡就成了一個言而無信的僞君子。

給人承諾時，不要把話說得太滿，以爲天下沒有辦不成的事，那很容易給人留下虛僞的印象。那麼到底該怎樣承諾才不會失分寸呢？應該根據具體情況採取相應的承諾方式和方法。

以下三種方法可資借鑒：

彈性的承諾。對把握不大的事，可採取彈性的承諾。如果你不太確定情況，就應該

把話說得靈活一些，使之有伸縮的餘地。例如使用「盡力而為」、「盡最大努力」、「盡可能」等較靈活的字眼。這種承諾能替自己留下一定的餘地。

延緩承諾。對時間跨度較大的事情，可採取延緩承諾。有些事情，在當下或許可以辦成，可是時間一旦拖長，就會發生變化。那麼，在承諾時可以採用延緩時間的辦法，即把實現承諾結果的時間說長一點，替自己留下為實現承諾創造條件的餘地。

比如，有員工跑來向你要求加薪，你可以這麼說：「要是年終結算之後，公司績效好，就可以替你加薪。」用「年終結算」一語表示實現承諾時間的延緩，顯得既留有餘地，又入情入理。

隱含前提的承諾。對不是自己能獨立解決的問題，應採取隱含前提條件的承諾。如果你所作的承諾，不能單獨完成，需要別人幫忙，那麼在承諾時便可說明一定的限制。

比如，你在戶政事務所工作，並承諾幫朋友辦理戶口相關的問題。因為這項工作涉及和政府有關的政策，你不妨這樣說更恰當一點：「如果你的條件又符合有關政策，我一定幫忙。」這裡就用「條件」、「符合有關政策」等字眼，對承諾的內容做了必要的限制，既見自己的誠意，話語又靈活，報含了足夠的分寸，還向對方暗示了自己的難處，一舉多得。

管理者爲了維護自己的威信，應該講究言而有信，行而有果。因此，承諾不可隨意爲之，信口開河。明智的管理者事先會充分地評估客觀條件，盡可能不做沒有把握的承諾。

CHAPTER 04

善用偏方治大病

Building a Brain, Funding a Business

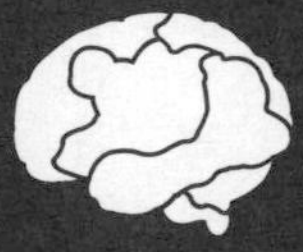

管理者善於運用「雕蟲小技」，

就會讓企業出現不一樣的生機。

「雕蟲小技」雖然小，但貴在出奇制勝，

只要能夠抓住關鍵，

「雕蟲小技」絕對會成為一大助力。

同時那也是管理者不拘一格的表現。

員工也會更加尊敬你，信服你。

雕蟲小技　也可以有大效用

管理有時看起來真是一個龐大的體系，而有時看起來又沒有那麼複雜。也許管理者每天只要稍微將日常的心得和體會記錄下來，在適當的時候對員工施點「雕蟲小技」，員工就會更加尊敬你，信服你。

在李呈漢的公司裡，春節假期都是固定的，每一年都一樣。李呈漢也要求所有的員工必須嚴格執行，否則就要按照公司規章進行處罰。

但這年銷售部的王經理碰到問題了，按照公司規定，必須等到臘月二十七才放年假，而前一天正好是他母親六十歲大壽。姐姐和姐夫與他約好那一天要替母親辦壽宴，他也答應了，但卻一直不敢對老闆說，只是想著到時候也許會有辦法。可是眼看年假將至，自己是部門經理，更不能帶頭違規，他實在不知該如何是好。

因為每年年底公司總是最忙碌，所以有一個不成文的規定：那就是在臘月期間，員工除了生病婚喪以外一律不許請假，否則就要扣一個月薪水，部門經理則直接開除。王經理是個孝子，當然必須回去為母親舉辦壽宴。於是他當下做了一個狠心的決定：即使被開除，也要在臘月二十六號之前回家。

王經理所領導的銷售部在公司裡地位很重要，所以李呈漢經常會過來巡視。他這幾天發現王經理有點心不在焉，辦事無神。於是找了秘書來打探消息，瞭解實情後便請王經理過來，遞給他一個紅包，說道：「目前公司有個大客戶，我們銷售部高層軍心的穩定非常重要，所以我要你把這紅包轉交給令堂。你現在就啟程回家吧，從今天起，你就負責辦這一件事，務必辦好，直到年假結束，你才可以回來！」

王經理聽後，非常意外，對李呈漢更是非常感激。而李呈漢的「雕蟲小技」也讓王經理沒有了後顧之憂，在接下來的幾天裡賣力拼命，並在不久的將來為公司帶進幾位更大的客戶。此後，王經理對李呈漢更是言聽計從，經他手上辦的事幾乎都能完美做到。

管理者在員工管理上略施小計，就可以贏回大利。在企業的經營上也同樣如此。

波爾格德剛成立的公司資金不足，但他們必須參加一個對新成立企業極為重要的油礦投標案。可是波爾格德根本不是那些大企業家的對手，怎麼辦呢？經過冥思苦想，波爾格德想到了一個高招——空城計。

投標那天，波爾格德租了一身十分華貴的衣服，約了一位著名銀行家和他一道前往投標會場。到了會場，波爾格德顯得氣度非凡，胸有成竹，加上身旁有著銀行家的陪伴，致使在場的企業家目光紛紛集中在他身上。那些對油礦志在必得的投標者看到這一情景，心裡不免忐忑。想到波爾格德本就是石油富商的兒子，現在又有大銀行家擔任參謀，都感到自己絕非波爾格德的對手。

於是，投標會場發生了戲劇性的變化，企業家們竟三三兩兩地相繼離開了，留下的也不敢競價。結果，波爾格德竟以五百美元的低價輕而易舉得標了，他這套把戲居然成功了。四個月後，即一九一六年二月，波爾格德得標的油礦開採出了優質石油，他馬上以四萬美元的價格將油礦售出，很快便獲得了三萬多美元的純利。接著波爾格德一處又一處地投資開採石油，不斷成立新的石油公司。到了一九一七年六月，二十三歲的波爾格德已成為擁有四十家石油公司的富翁。

其實，波爾格德所擁有的財富是有限的，相對於其他實力雄厚者，更是相形見絀。但他憑藉自己的「雕蟲小技」在群雄環視中輕易得標，贏得事業的成功。可見波爾格德的「雕蟲小技」不僅讓企業獲得了巨額的利潤，也為企業的發展開拓了康莊大道。

管理者善於運用「雕蟲小技」，就會讓企業出現不一樣的生機。有時候一個「雕蟲小技」的作用甚至會超過所有的「章法」和「系統」，同時那也是管理者不拘一格的表現。所以作為一名管理者，一定要有些「壓箱底」的「雕蟲小技」。

一招制勝——最狠的雕蟲小技

如今很多企業家花了很多心思在企業改革和文化塑造上，他們永遠在嘗試新的措施，提升企業的影響力。然而往往事與願違，投資與回報不成正比，企業的發展並沒有因此得到太大的改觀。而有的企業家，只用了一招，就取得了出奇制勝的效果，讓企業有了新的活力。

作為國內首屈一指的房地產企業萬科，在樓盤的開發和銷售一直有著優異的表現。可是甫進入二〇一二年，房地產似乎遇到了冬天。其他很多房地產企業都認為在這段時期，已經不太適合再把大量資金放在房地產上，因為這樣會導致手中有太多的房子閒置，資金無法回收，於是大家紛紛把錢投進了其他行業。

但萬科的總裁郁亮並沒有這樣做，他依然選擇堅守，他說：「寧可出錯，也不能走錯。」他認為萬科只有在房地產業裡才能發揮最大的價值。可是擺在郁亮面前的挑戰是資金的回收問題，只要這個問題解決了，萬科才有希望。而佔據萬科地產最多資金的是一處高級別墅建案，只要那裡的房子賣得好，一切問題就都可以得到解決。

郁亮想了很久，終於想出了一招：

由於萬科旗下還有一部分的公寓，這些房子本來就不是業績重點，只不過去年為了擴大業務，嘗試性地開發了一些。這些公寓因為一直閒置，萬科每月必須繳交很大一筆物業費。於是郁亮提出「買一送一」的策略，買高級別墅，就送一間公寓。這種看似商場上的促銷噱頭，在高級別墅建案的銷售上非常有用。本來要買別墅的人都開始抱持觀望的態度，這種售樓方式的確極具誘惑力。

一位前來買房的民眾接受記者採訪時說：「買了這樣的房，自己住別墅，還有一間公寓可以拿來投資，真是兩全其美。」

越來越多的購房客戶被吸引過來，這看似「雕蟲小技」的噱頭，卻讓萬科倍感資金壓力的高級別墅在一個月內售罄。也就是在這短短一個月內，萬科就有了一大筆資金，為下一步房地產的開發帶來了難得的生機，也讓其他的房地產企業望塵莫及。

萬科總裁的一個小計策，讓萬科的別墅在房地產不景氣的時候迅速賣完，爲企業贏得了時間和資金優勢，這制勝的一招非常厲害，也正是「雕蟲小技」的厲害之處。

傑西是某五金連鎖公司的老闆，不但生意非常好，對待員工也十分講究「策略」。伍迪是他的左右手，也是最能幫他解決業務難題的人。然而，伍迪最近遇到了一些小麻煩，他快要與交往多年的女友結婚了，而女友的母親堅決要求他必須擁有自己的車子，認為車子是男人的面子，沒有面子的男人別想娶她的女兒。

伍迪多年追隨傑西打拼，手裡多多少少也有些錢。買車子自然不成問題，但他也是個愛面子的人，不想買太便宜的車子。他想既然丈母娘要面子，就給她個大面子，這樣以後就更好相處。

於是他想向傑西借錢。傑西知道後，並沒有多做考慮，當場對他說：「正好，我剛買了一輛福斯帕薩特，還是新的，沒開很久。反正我也覺得不適合我，就便宜賣給你吧。」

伍迪尷尬地說：「我可能買不起。」

傑西又說：「你身上有多少錢我當然清楚，這樣吧，你先欠著，我不怕你跑掉？」伍迪感激萬分，接過了車鑰匙，開著「面子」去了女友的家。女友的母親甚是滿意，同意他們結婚。婚後伍迪工作更用心了，沒過多久，就憑藉著自己長期累積下來的人脈和更加勤奮的工作，為五金公司帶了更多的營收，而這些營收的價值早已遠遠超過那輛帕薩特。

傑西這一招，幫伍迪贏得了面子，也讓自己贏了員工的心。他很清楚伍迪的能力，本來只是想用這一招留住他，但他萬萬沒想到，隨之而來的竟是伍迪為公司帶來更大的盈餘。傑西獲得了意想不到的勝利。

「雕蟲小技」雖然小，但貴在出奇制勝，只要能夠抓住關鍵，擅使「雕蟲小技」絕對會成爲管理企業的一大助力。

巧定目標——最有效的雕蟲小技

現今非常流行所謂的「目標管理法」，然而這並不是企業的神藥，如果用得不好，可能會產生很大的副作用。

一百多年前，美國管理技術專家泰勒就提出了「目標管理法」，在當時那只是一個雛形，原來的名稱叫做「科學管理法」，這種管理法在西方企業風靡一時。漸漸的，西方管理者發現，用目標來驅動員工，員工就會變得木然，企業也會出現很多的問題，甚至還有極大的傷害。

於是經過認真的反思，企業發現了這個管理法有的弊端：

一、冷冰冰的數字，抹殺了人性化的情感。勝王敗寇的管理方式讓員工只注重結果，員工的努力也只能爲最後的結果服務，企業的內部情感淡薄，員工們就像只知工作的機器，企業沒有自己的情緒。當積極慢慢荒蕪，企業的發展也就受阻了。

二、員工變得頹廢消極。企業在這個管理法的指導下，變得只知道利用「目標」來綁住員工，於是有些員工開始不滿反抗，故意消極怠工，三天打魚兩天曬網，做事偷工減料，導致企業的工作品質拉低。員工開始慢慢耍心眼，企業接著逐漸頹廢，最後毫無競爭力可言。

三、個人主義獨佔鰲頭，團隊協作精神淡化。每個員工為了最大化自己的目的，就盡其所能將資源占為己有。彼此間自私自利，根本不願相互討論幫助，最後造成彼此扯後腿，降低工作效率，缺乏資源分享的機會，導致最後團隊協作能力慢慢消失。

四、創造力被扼殺。「目標管理法」過度強調了「量」，而忽略了「質」，員工於是變得保守，不敢進行冒險性的創新。而企業沒有了創新的人力基礎，當然會嚴重影響到企業的發展。

因此泰勒的管理法開始受到質疑，最後被西方企業管理者們嫌棄。於是一些企業家開始替這個管理法進行改良，演變成為非常有效的管理手段，稱為「巧定目標管理法」。這個新型的管理法也有幾個要點：

一、設立自己的階段性目標。目標的設定要分階層，首先有基礎目標，再是爭取目標，最後才是挑戰目標。「階段性目標設立法」可減緩員工的壓力，工作起來更有效率。

二、設立團體目標。一個團體目標的設立要有自己的策略原則，不應該大而化之，而必須有一個相對清晰的輪廓。目標越清楚，員工實現起來就越準確。不會出現為了實現終極目標，導致中間出現偷工減料的狀況。

這類目標的要求是將員工的注意力傾注在團體目標上，看輕個人目標。使員工對團體產生榮譽感，積極地為團隊努力。只要對團體目標足夠重視，就可以鍛鍊出員工的團體協作力，使得內部的合作更加緊密，溝通變多，內部環境更融洽。

三、淡化目標。當員工的能力達到一個最高，且能力的利用率也達到標準時，就應當淡化目標。簡單地說，就是對數位化目標進行模糊處理。團隊的每一個員工既然已經發揮了自己最大的作用了，這時將目標模糊化，能讓員工減緩壓力、放鬆心情，從而達到工作品質上的精益求精。

這就是「巧設目標管理法」。這些充滿人性化的目標設定，讓員工在辛苦的工作後，不會有情緒，反而因爲在經濟利益上得到提升，而感到更有安全感。企業也因此有了強大的推力，發展無阻礙。

日本南國豐田株式會社，就是實行「巧設目標管理法」的企業。這裡的員工能力都是最強的，所以企業便決定淡化他們的目標管理。企業內部既然沒有了具體意義的管理者，也就沒有了具體意義的目標。每個員工都是自己的管理者，在這種「自我管理」的企業氛圍中，員工總是自願將自己的最大潛力挖掘出來。

因為實行「淡化目標管理法」，讓該企業長年雄踞榜首的位置，成為所有同類型企業追趕的對象。

「巧設目標管理法」淨化了「目標管理法」，它是建立在信任和合作的企業環境下，讓員工心甘情願地在企業內部釋放自己最大的能量。這看起來像是「雕蟲小技」，但對企業的管理來說，無疑是最有效的。

打造員工的**腦袋**，就是打造老闆的**口袋**

Building a Brain,
Funding a Business

CHAPTER 05

「只看結果」不是真正的目標管理

Building a Brain, Funding a Business

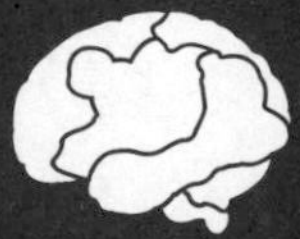

一個好的管理者，不但重視員工做事的過程，

還會藉由關注不同員工的不同特點，

來保證不同工作的合理分配，

同時也會透過各種方式，參與員工的工作。

這樣才能確保員工能夠拿回你所想要的結果，

並且確保這種過程與結果的可持續性，

不是因為一時的好運氣

「用人」的同時還要『育人』

「一切看數字說話」與「只問結果，不問過程」，都是「目標管理制度」的具體表現。這種目標管理體制利用將人綁在數字上的方式約束人的行爲，人的一切價值都由最終的數字體現，以實現結果最大化的目的。

這種方式只能說是表面上的「目標管理」，過於理想化。如果能實現固然好，但它有一個致命的缺陷，那就是忽略了「結果」的來源——過程。只要你追求「數字」，追求「結果」，就絕對不可能繞過「過程」這個環節。因此「過程」的重要性要遠大於「結果」，但遺憾的是，「過程」卻偏偏是眾多管理者經常放棄的要素。

也許有的管理者認爲他們的任務是管理，是掌控大局，所以只看結果是應該的，他們沒辦法鉅細靡遺地參與過程中的每個細節，這應該是中階管理者和基層員工該做的事情。

這個觀點沒錯，「層級管理」確實很重要，但所謂領導者不該過度插手下屬的工作，並不意味著領導者可以完全不管，只需要坐在辦公室裡等著員工送來「數字」和「結果」，這樣的管理者是不稱職的。管理者必須要「介入」下屬的工作過程，只是要選好方式和角度介入，並且要控制力度。

首先，作爲一個管理者，必須要關注員工的「工作狀態」。沒有好的「狀態」，就不會有好的「過程」，至於想得到好「結果」，更是癡人說夢。因此，對員工「工作狀態」的管理，是一個管理者義不容辭的責任。而實際情況是，絕大多數管理者在日常工作中都忽視了這一點。更有甚者，在員工工作狀態不好的時候，非但不表示必要的關注，反而採取指責、處罰、批評甚至是謾罵等粗暴的方式對待員工，導致本來就不在狀態內的員工表現更差。

所以，對員工「工作狀態」的關注，絕對不該是「狗拿耗子多管閒事」。相反地，這應該是管理者工作內容中一項極爲重要的任務。對於一個管理者而言，適度而恰當地關心員工的私生活，關注員工的身體與心理健康，經常與員工談話，和他們進行真誠並且有一定深度的溝通，傾聽他們的心聲等等，都是管理者的工作責任和義務。沒有這些，就等於沒有管理，絕不能用一句「各盡其責」就蒙混過關。

其次，員工有了良好的工作狀態後，還要進一步關注他們工作過程中的重要細節。比如，管理者要善於循循善誘，讓員工發揮出最大的自主性，主動思考並找到最佳的做事方法；管理者還要及時指出員工可能會發生的狀況，協助他們總結經驗教訓。只有這樣做，員工才會爲你帶來最大化的「數字」與「結果」。

實際上，關注員工的「工作過程」，就是幫助員工「成長」的過程，也是「育人」的過程。對於管理者而言，「用人」固然重要，「育人」也是一項必須履行的職責。古往今來，各行各業中的偉大管理者，基本上同時他是一個偉大的「教育家」。「育人」對於管理者來說永遠都是一個重大的課題和神聖的職責。

重「結果」的同時還要重「過程」

「目標管理」能夠在世界管理學上風靡這麼久，並且成爲企業管理的一項重要制度，一定有它應該存在的道理。比如「目標管理」中所提及的「多勞多得」，就是一項基本分配原則，非常具有指導意義。只是管理者對「目標管理」的理解過於膚淺，並且在實際運用中過於死板，缺乏必要的改進。

管理者在運用「目標管理」來管理企業時，應適當地加入一些對員工「工作狀態」與「工作過程」進行評估的機制。例如，按照現在大部分企業實行的「目標管理制度」，管理者們只將目光聚焦於「數字結果」，但在實際工作中，狀態佳、能力強、過程紮實的員工，並不一定每次都能帶來好的「數字與結果」；而那些有好的「數字與結果」的員工，其實可能是借助某些不可預知的機遇，如運氣好等等，所造就的結果。

因此，不管員工態度有多積極，方法有多正確，過程有多辛苦，別因爲最終的結果不好，就不給予肯定的評價，甚至完全否定員工，這樣會徹底傷了他們的心。一個被傷透心的員工，當然很難達到什麼成績。這就意味著由於你的武斷、以及「只重結果不重過程」，導致你失去了這些員工在未來可能帶來的無數「好結果」。更重要的是，還可能對員工此後一生的價值觀和做事方法產生不良影響。這是一種殺雞取卵的蠢方法。

不管做什麼事，結果必然要受到過程的影響與制約。一個好的管理者，不但應該重視員工做事的過程，甚至還會藉由關注及研究不同員工的不同特點以及做事方式，來保證不同工作的合理分配，同時也會透過商量、提示、教育、監督、抽查、協助歸納等方式，參與員工的工作過程。只有這樣做，才能真正確保員工能夠拿回你所想要的結果，並且確保這種過程與結果的可持續性，不是因爲一時的好運氣。

所以，想真正發揮目標管理的作用，不僅要將目標管理制度的尺規聚焦在「數字」上，同時也要放到「過程」中。也就是說，目標管理的評價標準不應僅僅針對數字上的結果，還應注意到達成這些結果的「過程」。只有這樣，才能讓那些既有工作能力、又有端正態度、還有正確工作方法，卻由於種種原因暫時未能取得「良好數字結果」的員工，也同樣能受到應有的激勵。「結果」與「過程」的關係就像是「雞」與「蛋」的關係一樣。蛋和雞本來就是互爲因果的兩種東西，任何一邊遭到忽略，都只能是白費力氣。

CHAPTER 06

榜樣的力量

Building a Brain,
Funding a Business

為了「營造成功氛圍」，

管理者樹立榜樣的標準要明確並獲得認可。

成功者本身就會吸引成功者，

用正確積極的觀念、勤奮真誠的態度，

讓所有人自然浸染其中，

形成一種團隊力量，

造就積極進取的氣氛。

用成功吸引成功

每一個團隊裡都有一兩匹「千里馬」，即使他們跟其他團隊的優秀人才相比可能稍遜一籌，但也算是相對而言的佼佼者。一個團隊不可能所有人都一樣好或是一樣差，管理者的任務就是找出團隊中最優秀的那一兩匹「千里馬」，並把他們樹立爲榜樣。

榜樣的力量是無窮的，有上進心的人都會見賢思齊。但榜樣也不是隨隨便便就能樹立起來，爲了「營造成功氛圍」，管理者樹立榜樣的標準要明確，必須獲得大家的認可。成功者本身就會吸引成功者，用正確積極的觀念，勤奮真誠的態度，帶給所有人積極向上，熱情洋溢且富有組織號召力的形象。讓每個員工自然浸染其中，形成一種團隊力量，造就積極進取的氣氛。

美國國防工業的巨頭諾格公司（Northrop Grumman）將其首席執行長肯特・克雷薩當作是公司團隊發展的榜樣。當時諾格的誠信很差。但是，肯特・克雷薩的領導團隊成功地扭轉了公司形象，重塑出一個公眾意識強大的企業。

他是怎麼做到的呢？在整個過程中，肯特其實是個示範者，一開始，他就向員工們清楚講明自己對道德規範、價值觀以及行為模式的看法，還有對企業重塑形象的期待。他用行動為大家樹立了榜樣，並始終如一地將之傳遞給合作者。他的成功在於創造了一個講誠信、富執行力的大環境。在這個環境中，企業的所有領導者都在為發展而努力。

美孚石油公司之所以能夠在世界商業史上留下精彩的篇章，其發展秘訣就在於爲團隊找到了「千里馬」，找到了學習目標，從而使自己的服務和產品更加趨於完美。

一九九二年的美孚石油年收入就高達六百七十億美元，這比世界上大部分國家的收入還高，真正是富可敵國。不過，在輝煌的業績面前，美孚並沒有感到滿足，依然保持著很強的進取心，他們希望自己的服務能夠更好。於是，他們在一九九二年初做了一個調查，試圖找出新的發展空間。當時美孚公司詢問了四千位顧客，想了解什麼對他們是重要的，結果發現：僅有百分之二十的被調查者認為價格是最重要的。其餘的百分之八十想要三件同樣的東西：一是快捷的服務速度，二是能夠一心為客戶著想的友好員工，三是能夠長期認可他們的消費忠誠度。

針對這三種需求，美孚分出速度、微笑和安撫三個小組。美孚的管理階層認為：論綜合實力，美孚在石油業裡已經算獨步江湖了，但若把這三項指標拆開看，美孚並不算真正領先所有的企業。於是，他們下達了一個指令：三個小組各自尋找自己的學習目標，找到在這方面的速度最快、微笑最甜和回頭客最多的標杆，並以這些標杆為榜樣，改造美孚在全美的八千個加油站。在全體同仁的努力之下，果然，他們找到了在單項指標上比他們更為優秀的企業。速度小組鎖定了潘斯克公司（Penske），這家公司是「印地五百大賽」指定的加油服務廠商。每當電視轉播「印地五百大賽」時，觀眾都會看到這樣的景象：賽車風馳電掣般衝進加油站，潘斯克的加油員一擁而上，眨眼間賽車加滿油絕塵而去。電視機前所有的觀眾，都能夠在瞬間感受到潘斯克員工的服務速度。於是，速度小組把這項標準當作是美孚必須學習的目標。

而微笑小組所尋找的是各行各業的服務標竿。他們鎖定了麗嘉·卡爾頓酒店作為溫馨服務的標杆。麗嘉·卡爾頓酒店號稱全美最溫馨的酒店，那裡的服務人員總保持招牌般的甜蜜微笑，所有入住過的旅客總是對這家酒店印象深刻，並將入住的經驗視為美好的回憶。這個酒店因此獲得了超乎尋常的顧客滿意度。

最後，全美公認的回頭客大王是「家庭倉庫」公司。安撫小組於是以其為標杆，他們從「家庭倉庫」公司學到：公司裡最重要的人，就是直接與客戶打交道的人。這個觀念顛覆了美孚管理階層以往的認知，曾經他們將那些負責銷售公司產品，負責與客戶打交道的一線員工，視為最無足輕重的角色，直到家庭倉庫公司告訴他們：領導者的角色就是支援這些一線員工，使他們能夠把出色的服務和微笑傳遞給客戶們。

潘斯克、麗嘉．卡爾頓酒店、家庭倉庫公司，這些都是行業內的服務先鋒，他們以最爲完美的服務獨步於業內。美孚公司既然挑選了他們當作學習目標，結果自然可想而知。在經過標杆管理之後，他們的顧客一到加油站，迎面而來的是服務人員真誠的微笑與問候。這樣做的結果是：加油站平均年收入增長了百分之十。

這些業內佼佼者的高業績對團隊很重要，但他們的作用不應僅局限於此。應該讓這些企業成爲榜樣，帶領所有的人都成爲業界先鋒。對團隊而言，這一點更爲重要。

用獎懲樹立榜樣

對管理者來說，樹立榜樣最簡單、最直觀的方法就是獎懲。獎勵領先者，刺激追隨者，淘汰平庸者，大家自然就知道應該把誰當作學習的榜樣，視誰爲引以爲戒的對象。成績卓著的企業顯然更善於獎勵領先者，使領先者在團隊內部成爲大家學習的榜樣和目標。

「我們喜歡榜樣的力量，因此會尋找一些具有榜樣特性的領導者。」通用企業亞洲首席教育官說，「他們的特點是：具有遠見，擁有鼓舞人心的能力。這些才是真正需要傳承的榜樣精神。」

「榜樣精神」是通用企業希望能在繼任者身上尋找到的核心基因，找到基因之後，通用企業便會想方設法幫助這些未來的領導者去放大優點，引起團隊內部其他成員的關注和學習。

通用企業釋放榜樣優點最為主要的方式就是獎勵領先者。他們成功地採用績效測控的方法，在通用的年度考核當中，管理階層會針對當年度業績優秀員工，以及足以成為其他員工榜樣的同仁們進行二度考核，提問的問題大多與個人素質提升和自我管理相關。其中有三大經典問題，可說是囊括一個人才是否優秀、自信的全部定義。三大問題分別是：你的優勢是什麼？你的成就是什麼？你還有哪些需要改進的地方？而在此之後，令高層頗為滿意的一批人，通用企業會毫不吝嗇地對他們進行獎勵，包括增加薪酬以及分配予誘人的股票、期權。

而對於優秀的員工而言，他們更為看重的獎勵就是到克勞頓管理學院去進修的機會。從這個學院出來，就意味著可能將在企業裡承擔更為重要的職責。美國《財富》週刊評價通用企業所設立的企業大學（克勞頓村管理學院）為「美國企業界的哈佛」。每年在克勞頓村受過培訓的高級管理階層人數，就佔了通用企業內部領導階層的百分之十，培訓主要針對具有管理潛質的人員。對於所有的員工而言，通往管理學院的道路只有一條：學習榜樣，認真工作，業績優良，從而實現超越榜樣，成為團隊內最為優秀的人。這就是敲開管理學院大門的唯一方法。

與獎勵領先者相輔相成的是，針對公司內部的平庸者，一定要採用刺激的手段。因為平庸的員工從來不會有危機感，這時管理者就應該想方設法為員工創造「危機」，讓他們動起來。美國旅行者公司首席執行官羅伯特・伯豪蒙說：「我總是相信，如果你的企業沒有危機，你就要想辦法製造一個危機，因為你需要一個激勵點來集中每一個員工的注意力。」危機的出現可以刺激員工試行自己工作的新思路，滿足個人抱負。

如果員工的狀態始終處在平庸之中，任何事情對他來說都平淡無奇，沒有什麼問題，那麼工作興趣自然不會高漲，更談不上什麼積極度和創造性了。「危機刺激」猶如一個人在森林中被猛獸追趕，他必須以超出平日百倍的速度向前奔跑。對他來說，後方是死的危險，而前方則是生的機會。以「危機」作為一種壓力，將促使人們利用創造性來積極解決管理者交給他的問題。而且隨著處理複雜事物的能力提高，也會為當事人帶來更多的自信，鞭策其不斷地積極做好工作。事實上，人們獲得成功，本就經常要承受著「危機」和各種巨大壓力。

公司裡面還有一部分人，他們是公司的累贅，用極其低下的工作效率拖住發展的步伐。如果真要比較，他們的確是團隊中最不優秀的一部分人。這時，管理者唯一要做的就是淘汰他們。

北京 SOHO 中國董事長潘石屹也曾經說：「末尾淘汰制就是我們探索出來的一流銷售制度。許多實例證明，從一九九八年開始實施末尾淘汰制之後，我們便從一個默默無聞的小公司，高速、健康地成長爲一個年銷售額超過二十七億元的企業，人均創造利潤和稅金的能力居全國之首。

管理者在淘汰員工時應注意的問題有：準備充分，有理有據；儘量保留其自尊心；爲員工留餘地，不宜全盤否定員工；一次不宜淘汰過多員工；盡最大努力保障員工的各項權益。

樹立榜樣不是一件簡單的事，並非像小學老師給予表現優秀的孩子一張小貼紙就可以了，管理者要把握住的是一群成年人的複雜心理；但樹立榜樣同時也是一件簡單的事，只要管理者明察秋毫、賞罰分明，就不用刻意樹立，榜樣自然而然地會展現出來。

打造員工的**腦袋**，就是打造老闆的**口袋**

Building a Brain,
Funding a Business

CHAPTER 07

遊刃有餘的部門協調力

Building a Brain, Funding a Business

為了「營造成功氛圍」，

管理者樹立榜樣的標準要明確並獲得認可。

成功者本身就會吸引成功者，

用正確積極的觀念、勤奮真誠的態度，

讓所有人自然浸染其中，

形成一種團隊力量，

造就積極進取的氣氛。

說服力　決定影響力

在傳統的管理方式中，管理者常常是以命令的形式去求合作。可是在命令之下，真正的合作總是無法獲得。因爲命令的本質是以單方面的力量來推動，是運用權力手段去影響和改變別人，因此易遭到反抗，這是很自然的反作用力。在新時代的管理實踐中，更加強調的是非權威影響力的作用。

管理大師杜拉克說：管理者要有足夠的時間來面對不同意見者並進行說服，有時必須做些小讓步，以便在獲得他們支持的同時，不會影響到決策的完整性。

有一次，歐洲反法神聖同盟兵進犯法國。他們來勢洶洶，銳不可當。法國軍隊迅速展開一場激烈的防禦戰，由拿破崙派手下兩支屢建奇功的軍團，擔任起艱鉅的防禦任務。熟知，防禦部隊的士氣低落，被敵兵打得落花流水，四處逃竄。拿破崙不言不語，背著雙手審視著逃軍。

良久之後，他終於怒聲傳令：「集合！全體士兵統統集合！」垂頭喪氣的士兵們惴惴不安，小心翼翼地觀察拿破崙的一舉一動。拿破崙雙手抱胸，在隊伍面前踱來踱去，步伐越來越急促，皮鞋叩打地面的聲音越來越響亮，震得殘兵敗將們心驚肉跳。他們偷偷地看著統帥，膽戰心驚地等待訓斥。

終於，拿破崙以充滿悲傷及憤怒的語調開始對他們訓話了：「你們不應該動搖信心！你們不應該隨隨便便丟掉自己的陣地！你們要知道，奪回那些陣地要流多少血啊！」

看著士兵們慚愧地低下頭，拿破崙猛然回頭命令道：「參謀長閣下，請你在這兩個軍團的旗子上寫下這句不吉利的話：『他們不再屬於法蘭西軍了。』」

這下全場一片譁然。一向將榮譽和祖國利益視為一切的士兵們，自然明白這句話的份量。

他們羞愧難當，甚至有人下跪嚎哭道：「統帥，再給我們一次機會吧！我們要立功贖罪，我們要雪恥啊！」

拿破崙見狀，知道士兵們願意以英勇行為來洗刷敗戰污點，他非常高興，當眾振臂高呼：「對！早該這樣了！這才是好士兵，這才像拿破崙手下的勇士，是戰無不勝的英雄！」

從此以後，面對反法同盟的瘋狂進攻，惡戰一場接著一場。但是這兩支軍團表現得異常驍勇，多次重創敵軍，立下赫赫功勳。

拿破崙三言兩語就讓兩支軍團的士兵重新燃起了鬥志，這就是影響力的作用。他的言語影響了軍隊的士兵，讓他們從委靡不振到鬥志高昂，英勇殺敵。

一個人的說服力夠強，就可以改變他人的看法進而改變他人的行動，所以說服能力的大小，直接影響了這個人的影響力，而這種影響力與權力是無關的。

因此，管理者想獲得高品質溝通，就要善於以出眾的說服力來提升自己的影響力，從而使合作在溝通之下進行，而不是仰仗命令或強權式的推動。

鼓勵員工內部「跳槽」

在同一個環境裡工作久了，很容易失去熱情。俗話說：「樹挪死，人挪活」。換一個環境，就能夠重新喚起員工的鬥志，說不定還能幫員工找到更合適的位置。如今在一些企業的人才儲備計畫中，就常用到這種方法。他們讓員工在公司各個不同部門輪調工作一段時間，瞭解整個公司的運作流程之後，再根據其個人專長進行工作安排。到最後員工通常就可以勝任一個部門甚至一家分公司的負責人。

索尼就是一家鼓勵員工內部「跳槽」，找到適合自己位置的公司。

有一天晚上，索尼董事長盛田昭夫按照慣例走進員工餐廳與員工一起用餐、聊天。他多年來一直保持著這個習慣，以培養員工的合作意識及與他們的良好關係。

這天，盛田昭夫和往常一樣在餐廳吃飯，他忽然發現一位年輕員工鬱鬱寡歡，獨自悶頭吃飯。於是，盛田昭夫主動坐在這名員工對面與他攀談。

幾杯酒下肚之後，這位員工終於敞開了心扉：「我畢業於東京大學，有一份待遇十分優厚的工作。進入索尼之前，我對索尼公司崇拜得發狂。當時，我認為進入索尼，是我一生最佳的選擇。但是直到現在才發現，我根本不是在為索尼工作，而是在為課長工作。坦率地說，這位課長是個無能之輩，更可悲的是，我所有的行動與建議都要經過課長批准。我費盡心力的發明與改進，在課長眼裡總是成了『天馬行空』。對我來說，這名課長就是索尼。我十分洩氣，心灰意冷。這就是索尼？這就是我崇拜的索尼？我居然放棄了那份優厚的工作來到這種地方！」

這番話令盛田昭夫十分震驚。他心想，類似的問題在公司內部恐怕不少。管理者應該關心員工的苦惱，瞭解員工的處境，不該阻擋大家的上進之路。於是盛田昭夫心中產生了改革人事管理制度的想法，並立即著手處理這件事情。不久後，索尼開始每週出版一次內部小報，刊登公司各部門的「求人廣告」，員工可以自由而秘密地前去應徵，他們的上司無權阻止。另外，索尼原則上每隔兩年就為員工調換一次工作，特別是對於那些精力旺盛、幹勁十足的人才，絕不讓他們被動地等待工作，而是主動給他們施展才能的機會。索尼自從實行內部招聘制度後，有能力的人才大多都能找到自己中意的崗位，而人力資源部門也能容易地發現這些轉調部門的人才和原部門上司之間所存在的問題。

無疑，盛田昭夫此舉是明智的。員工的內部流動不僅可以增強就業的安全性，增進員工的工作熱情，也能刺激企業進行更多特殊技能的培訓，增加員工學習的機會。

一、內部流動對企業的發展極其重要。員工的內部流動是基於企業調整組織結構的需要，在當今激烈競爭的環境中，企業需要經常進行組織機構的調整，常常根據發展策略的需要設立新部門，如電子商務的興起使企業需要建立專門的網路行銷部，或者是取消一些已經無法發展的老部門。當組織結構發生變動時，就有必要對員工進行調動。

二、員工的內部流動可保持晉升管道通暢。傳統的企業等級結構是金字塔式的，高階職位總是比基層職位少，所以部分員工若想進一步晉升，自然會有障礙。有的時候，這一晉升管道是被工作效率很高，但又不可能得到升職的員工所佔據。這樣的員工一直待在一定的位置上，將阻礙其他有價值員工的晉升。如果不及時清理晉升管道，將這種狀況解決掉，有價值的員工可能因此失去工作動力，轉向別的企業發展。爲了保持晉升管道的暢通，使得優秀員工能夠得到提拔，企業的處理方式之一，就是將那些不具備晉升潛質，但對企業又仍然有價值的員工進行調動。

三、員工的內部流動可處理勞資關係衝突。在員工關係中，一些員工與管理者之間、員工與員工之間可能存在著各種原因（如個性、年齡、種族）而不能和睦相處，但處於衝突中的雙方，對企業而言卻又都是不可或缺的一員。在這種情況下，調離其中一方或雙方，使他們互相隔離開來，就可以有效地解決衝突。

四、員工的內部流動是獲得不同經驗的重要途徑。當今激烈的市場競爭也體現在對高報酬、高挑戰性職位的競爭上。由於企業不斷「減肥」，結構逐漸扁平化，管理階層需要的人員越來越少，因此在這些職位上的競爭就更加激烈。許多員工開始謀求在企業和組織中獲得更多橫向調動的機會，從而學習更多的技能，爲將來的晉升打下基礎。因爲在相同的條件下，個人的豐富經歷常常是獲勝的重要因素。

「流水不腐，戶樞不蠹。」作爲管理者，應該鼓勵企業內部的人員流動，鼓勵內部競爭，不要總是抱怨找不到人才。其實很多人才本來就在你的眼前，只是你沒把他放到正確的位置上。

CHAPTER 08

優化組織結構

Building a Brain, Funding a Business

根據策略進行組織結構調整，

能夠使企業進一步釋放生產力，

強化策略管理能力；

在優勢領域深耕細作，

擴大市場佔有率，拉開同業競爭之間的差距。

相反，如果組織結構落後，

策略執行就會遭受到眾多羈絆。

組織要隨著策略變動

所謂策略，就是關於「我們的企業是什麼，應該是什麼，將是什麼」這類問題的回答。它決定著組織結構的宗旨，因而決定著在某一企業或服務機構中最關鍵的活動。有效的組織結構，就是使得這些關鍵活動能夠進行，並且取得成就，同時隨著策略的調整，組織結構也要跟著變化。

二〇〇九年三月三十日，神州數碼宣佈組織結構調整，按照行業客戶、企業客戶、中小企業及個人消費用戶將旗下業務拆分為六大策略本部。

原本主要針對中小企業及個人消費用戶的海量分銷業務，被細分為三個策略本部：商用策略本部、消費策略本部和供應鏈服務策略本部。其中商用策略本部主要對象是中小企業，提供產品及解決方案；消費策略本部側重的是消費類 IT 產品的分銷與銷售；供應鏈服務策略本部則是前兩者的「後勤部門」，主要負責供應鏈物流管理。

而原本主要針對企業客戶提供伺服器、存儲等增值分銷業務，則併入負責網路設備銷售的神州數碼網路公司，並成立新的系統科技策略本部。專職為企業級客戶提供業界先進的產品解決方案與增值服務。

原本主要針對各行各業的 IT 服務業務，拆分為軟體服務策略本部和集成服務策略本部。其中軟體策略本部主要提供軟體產品，集成服務策略本部則側重硬體，提供點對點的 IT 基礎設施服務。

神州數碼聲明，此次調整是依照客戶需求來劃分業務結構。在未來市場中，將關注八類業務模式，包括零售、分銷、硬體安裝、硬體基礎設施服務及維修保固、應用集成、應用開發、IT 規劃和流程外包等，並依此構建業務組織結構，形成六大策略本部，滿足客戶的全方位需求。

神州數碼此次組織結構調整，是在「以客戶為中心、以服務為導向」的企業方針下，進行策略轉型的一個重要步驟。此前，神州數碼董事長兼總裁郭為在二〇〇七年制定了向服務轉型的策略，他認為此次架構調整即為上述策略的延續。

自二〇〇〇年從聯想控股集團分拆出來以後，神州數碼重組整合的動作就一直沒有間斷。二〇〇六年，為配合新策略，郭為對神州數碼進行內部整頓，建立四大虛擬子公司，子公司並各自開始向服務轉型。之後又根據業務的不同將公司分為三個虛擬架構，分別是負責海量分銷的神州數碼科技發展公司、負責增值分銷的神州數碼系統科技公司和負責 IT 服務的神州數碼資訊技術服務公司。

管理大師杜拉克在《管理——使命、責任、實踐》一書中說：「不管是基於何種原因，只要企業調整了策略，組織結構就必須隨之調整企業，以爲配合。」根據策略進行組織結構調整，能夠使企業進一步釋放生產力，強化策略管理能力；在優勢領域深耕細作，擴大市場佔有率，拉開同業競爭之間的差距。相反，如果組織結構落後，策略執行就會遭受到眾多羈絆。

建立「資訊綠色通道」

管理者在工作時經常會遇到這樣的情況：管理者向秘書或助理下達一項任務，秘書或助理傳遞給各部門經理，經理傳達給各小組主管，主管再傳達給基層員工，但此時基層員工所知道的任務內容，卻已經「面目全非」，工作結果和管理者的初衷完全不符。

根據資訊傳播的規律，每傳輸一次，被傳遞的資訊就會流失一半，而不正確的資訊卻在同步增加。通常一個部門到另一個部門的資訊流動，經常會遇到障礙或者被扭曲。同時公司規模越大，人們分享資訊、做出一致決策和調整業務優先順序的難度，也就越大。此時決策的速度變慢，執行力的優勢就被削弱。因此好的組織結構一定要讓有效資訊在組織內部更加暢通才行。

美國微軟公司是IT業的精英人才庫。它的成功固然有多方面的經驗，但就其對員工的民主化和人性化管理來說，其中一項不同於其他企業的特色就是：為了方便員工之間以及上下屬之間的溝通，微軟專門建立了一個四通八達的內部電子郵件系統。每個員工都有自己獨立的電子信箱，上至比爾·蓋茲，下到每一位員工的郵件地址都是公開的，無一例外。

作為微軟的員工，無論你在什麼地方、處在任何時區，根本用不著秘書的安排，就可以藉由這個「內部電子郵件系統」和世界任何一個角落，與包括比爾在內的任何一位內部成員進行聯繫與交談。由於這一系統的存在，每個員工都深深體驗到一種真正的民主氛圍。

微軟的員工認為，「內部電子郵件系統」是一種最直接、最方便、最迅速、也最尊重人性的工作溝通方式。通過「內部電子郵件系統」，除了上級對下屬分派工作任務外，員工們彼此之間也可以相互溝通、傳遞消息，最重要的是員工可以自由地利用這套系統，對主管甚至最高層領導者提出個人的意見和建議。

比如有一位員工想多放幾天假，就利用「內部電子郵件系統」直接向謝利總裁提出建議：既然公司的經營成效這麼好，為什麼不能多給員工一點假期，為什麼不能把假日累積在一起，讓大家可以一次享受連續假期呢？這個建議後來果然得到了公司的採納。

當然，並非一旦員工提出要求，公司就非得採納不可，這套系統的關鍵在於創造出一條有效的溝通管道。比如有一次，許多員工利用了「內部電子郵件系統」，要求在總統宣誓就職日全體放假。謝利幾經考慮，最後還是決定否決這項要求。

事後，謝利對比爾．蓋茲說：「儘管大家不太滿意，但公司與員工間的溝通管道還是暢通的。」此外，員工還可以利用「內部電子郵件系統」來約會。

有位女員工非常仰慕比爾．蓋茲，但很少有機會能直接與蓋茲直接見面，於是她便透過「內部電子郵件系統」約見比爾．蓋茲。

比爾．蓋茲當時很忙，就說：「等我有時間再約你。」後來，比爾．蓋茲果真與她見了一面。

由此可見，微軟的「內部電子郵件系統」為公司員工及上下屬之間的交流，提供了很大的方便，為消除彼此間的隔閡，保持人際關係的和諧暢通開闢了管道，也為激勵人才、留住人才發揮了極大的作用。

在企業內部，從上到下的任務發佈配置和從下往上的工作彙報，都需要制度來保障暢通。一般而言，組織層級越少，資訊流通越暢通。

隨著經濟學研究的深入，特別是隨著社會資訊化進程的加快，人們發現除了資訊管道不流暢這項問題之外，在傳遞的過程中，還存在著失真的可能性。而資訊的失真又會帶來額外的成本，因此我們需要利用現代技術，來減少資訊傳遞過程中不必要的環節。

比如在企業中建立扁平化的企業組織，這樣就能降低資訊失真的成本。此外，還可以建立一套避免資訊失真的保障制度，對專門製造虛假資訊的人，設計出相應的處罰。

準確的資訊是做出有效決策的前提，誰獲得的資訊足夠豐富準確，誰就必定在經濟生活中先行一步。真實可靠的資訊，也是我們成功的關鍵。

對於一個組織來說，不管是確定目標、制定決策、進行組織控制與協調，甚至於對人際關係的改善、組織凝聚力的形成、組織的變革與發展，都離不開溝通和資訊傳遞。建立一條「資訊綠色通道」，對企業的重要意義不言而喻。

CHAPTER 09

真相只有一個

Building a Brain, Funding a Business

管理者在管理企業時，

或多或少都會有一些不願意去面對的真相，

在真相曝光同時，管理者就應該做出改變，

讓真相成為過去。

這些問題就是管理好企業的障礙，

要跨越這障礙，就要先接受真相。

真相是不變的，要變的是管理者自己。

不要自己騙自己

很多管理者都能夠覺察到自己的管理出現問題，但卻總是無法確實改進，其中的主要問題並不在於能力，而在於他們總把原因歸結爲「最近公司內部雜音較多」或是「沒有去拜拜」的關係。

彼得是跨國公司的首席財務長，他能非常迅速地讀懂財務報表。在金融方面甚至媲美銀行家，總是能夠讓公司在財務上保持穩健。無庸置疑地，他絕對是一名優秀的財務長。他掌管著現金流動，是公司內部的重要人物。彼得手中掌握的權力甚至超過了公司史上任何一位財務長。而這也在該公司裡漸漸形成一個不成文的規矩：如果你想瞭解任何關於成本的問題，最先應該拜訪的地方，就是彼得的辦公室。於是彼得手中掌握著每一個專案的生殺大權，只要談到成本問題，他的影響力僅次於執行長。

這樣的狀況久了之後，彼得開始變得自以為是，對員工冷言冷語，大家都不願與他接近。儘管他自己親自負責的業務績效很高，但他的團隊幾乎沒什麼執行力。他只好時常藉由個人強悍的能力，來提高整個團隊的執行力。漸漸地，他開始找不到足夠得力的助手了。此時公司的執行長高薪挖角一位高階管理者馬丁，並要求馬丁改變公司的管理。馬丁就是在這種情況下來到彼得身邊。

「彼得，我們需要做出一些改變。」馬丁對他說。

「我真正應該做的是先減掉十公斤，讓我的身體更健碩一些，這才是我需要的改變。」彼得立刻打斷了馬丁。

馬丁本以為，按照彼得的個性會立馬拒絕他的要求，可是沒想到彼得居然跟他討論起了減肥。他意外地問：「真的嗎？」

彼得非常嚴肅地看著馬丁，對他說「是的，我非常認真。」

馬丁又反問：「你不覺得改變你的管理方法比改變體型重要嗎？」

彼得想了想說：「我的體型才是我管理失職的原因。因為我的體型，讓我變得如此暴躁。只要能夠解決這個問題，一切就可以迎刃而解。」

彼得顯然是坦誠的，他說出了自己的脾氣暴躁。但他所歸納出的原因，卻是在欺騙自己，他在羅織荒唐的邏輯，以替自己開脫。

馬丁又耐心地對彼得說：「看，員工在意見回饋報告上說，你需要變得更平易近人一些，不要太焦躁，不要那麼自以為是。難道你不覺得減掉腹部的贅肉並不能解決你的管理問題嗎？你不覺得你需要改變的是自己的脾氣而不是贅肉？」

他又說：「改變贅肉對我來說很容易，只要能夠控制住自己，按照一定的流程並堅持下去就可以。到時我的脾氣就會變好，管理能力也能得到提升。」

不可否認，彼得的自以為是已經到了自負的地步。他已經習慣了欺騙自己，認為自己的不當管理方法，都是因為「贅肉」所造成的，他自己本身則毫無責任。

馬丁又對彼得說：「你知道美國人為什麼很難實現減肥目標嗎？因為改變自己的贅肉比改變你的人際關係要困難得多。」

馬丁仔細地分析給彼得聽：「減肥所花費的時間要比你想像的更長，也比你想像的還要困難。你漸漸會感覺到減肥根本不值得你付出那麼多努力。同時你也會因為一些突發事件導致計畫被打斷，使得自己經常不得不放棄既定計劃。即便是在取得一些實際的進步之後，也不見的能立刻看出瘦身的效果。另外，周圍的員工可能根本沒有注意到你的變化。最後，一旦實現目標，你便會發現保持身材比想像的要困難得多。除非你打算一輩子維持減肥時期的做法．不然你很快就會恢復以前的樣子。」

對於彼得來說，塑造體形就能解決自己的管理問題，顯然這是自我欺騙。因為「減掉贅肉」在馬丁的分析中，似乎比改變管理方法更要艱難。減肥會佔用彼得大量的時間，而且所需要的精力更是他所難以想像的。最主要的是，如果彼得將體型塑造成極致完美的狀態，彼得肯定會變得更加自滿，令員工更加退避三舍。

彼得聽完馬丁的分析之後，開始自我檢討，並思考是否有別的途徑。「減掉贅肉」這個方法他已經打算放棄了，於是他開始尋求馬丁的幫助。馬丁這才能夠以自己的專業經驗，幫助彼得改變他的管理方法。漸漸的，彼得改掉了壞脾氣。員工也願意接近他，跟他學習了，他的團隊成為公司裡最有能力的團隊。

像彼得一樣，很多管理者在自己的管理出現狀況時，總會試圖歸咎一些無關痛養的問題，以為將這些問題解決就可以了。甚至有些管理者一直在逃避欺騙自己，不去面對真正的問題。管理者在面臨問題時，應該做到的是努力求「變」，而不是自己騙自己。

真相是 永恆的

越來越多的人開始重視體檢，部分人在體檢結果出爐之後甚至不敢立刻去看，他們害怕的是「真相」。怕身體真的出現了大毛病，自己承受不了。可是「真相」是不變的，不去看並不代表真相不存在，人們最終還是要面對問題。管理者對待真相也應當這樣，在企業出現問題時，要勇敢面對真相，不要總是找藉口，這對於管理毫無益處。

管理者對贏的渴望極其強烈，他們需要的是光鮮的真相，但真相往往很不如意，所以他們也很容易迴避真相。

有一回，某公司的執行長為高階主管們舉辦培訓，並且現場進行了測驗。

「你們是否對手下員工進行過客戶回饋的培訓？」

主管們紛紛說：「Yes」。

「這種培訓是否有效？它是否告訴員工具體作法是什麼？」

又是一陣「Yes」。

然後這名執行長又問：「那你們在管理時向員工尋求過幾次與自己相關的回饋？比如，你們是否會問員工：『我是不是一個稱職的管理者？』

這回沒有人說 Yes 了，全部沉默。

「你們真的相信回饋的作用嗎？」執行長問道。

主管們異口同聲地說：「當然！」

「那麼在你的管理中，員工應該比你的客戶重要吧？」

主管們想了想，不是很整齊的「Yes」稀稀落落地響起。

「那麼你們為什麼不收集一下員工的回饋呢？」

執行長很明顯地感覺到在場主管們的大腦正在飛速運轉。這時主管們也開始明白了一件事情：他們害怕聽到答案。可能是因為他們不敢知道真相，因為這個真相會為他們帶來不好的刺激，讓自己不得不去面對麻煩的意見。

管理者害怕真相，因爲真相會讓自己不得不被迫改變自己，乾脆索性拒絕真相，不做改變。可是真相從來都是不變的，它早晚會顯露出來。到時候主管們再去改變，恐怕已經來不及了。

真相不變，管理者就要變。在勇敢接受真相的同時，對自己的管理進行調整，讓真相變成好的結果。

一家貿易公司的人事經理，在任職期間曾犯下一個錯誤，他沒經過仔細調查就批准了一個員工的辭職申請。而這名員工是公司的精英，很多專案他都有參與。正因為他的能力出眾，很多公司都想挖走他。人事經理因為一時失察通過了他的離職單，當他瞭解到由於自己的失誤令公司損失一名大將時，一切已經追悔莫及了。於是他想把這個「真相」壓下來，不讓老闆知道。

事件過後很長一段時間，一切似乎風平浪靜，直到公司爭取到一個棘手的專案，大浪很快就襲來了。過去每當遇到類似的案子時，總經理就會成立一個精英小組來承辦專案，這一次也一樣，當然那個被人事經理「放走」的員工照例名列小組名單。

這下人事經理只好硬著頭皮對老闆坦誠。他向老闆主動認錯：「這是我的失誤，我一定會盡最大努力挽回損失。」

人事經理的坦誠和勇氣打動了老闆，因此老闆並沒有嚴厲地責備於他。並且在日後的工作中，他也更加謹慎小心，只要有重要人才辭職他都會儘量跟同仁們談，努力勸他們回心轉意。也因為這樣的改變，此後公司的人才流失越來越少，非但如此，人事經理還努力幫公司招募了不少人才。

管理者在管理企業時，或多或少都會有一些不願意去面對的真相，對於這樣的真相，逃避是沒有用的，要主動去面對。在真相曝光同時，管理者就應該做出改變，讓真相成爲過去。企業出現真相，是因爲管理出了問題，這些問題就是管理好企業的障礙，要跨越這障礙，就要先接受真相。真相是不變的，要變的是管理者自己。

有時候，管理其實是『技術』問題

一家大型製藥公司的執行長重金禮聘一位頗負盛名的高階管理人才來擔任他的教練。經過這名專家初步的調查之後，發現同仁們對該執行長的印象非常不錯，所有跟他接觸過的人，都給他非常正面的評價，尤其是他的員工。專家感嘆自己從來沒見過這麼完美的回饋報告。

「到底怎麼回事？」專家自問，「我來這裡看來是多餘的了。」

後來這位執行長告訴專家，他認為公司的技術需要革新，而他自己卻不知該從何做起。這就是為什麼他覺得自己沒有辦法跟某些員工溝通，因而堅決認定必須改變管理方法的原因。

此時專家認真地對執行長說：「你是個很棒的執行長，我也很希望能跟你一起合作。可是你的問題我解決不了，你需要的是一位技術專家，並不是我。」

其實這位執行長有點擔心過了頭，把技術上的問題擴大到管理上來，病急亂投醫，於是找到了這位專家。他以爲他需要改變的是自己的人際關係，可是事實證明他的人際關係並沒有問題。既然知道出了問題的是公司的技術，就要對症下藥，不能把技術問題與人際關係混淆。

某大型投資銀行的財務長大衛是一個非常有趣的傢伙。他年紀輕輕並且有著勃勃雄心，勤奮且幹勁十足。他總是能夠以高品質的績效完成任務，但他從來不會狂妄自大。幾乎所有的員工都很喜歡他。他的員工對他崇拜極了，其他部門的同事也喜歡跟他打交道，甚至視他為最好的朋友。大衛身邊的一切是那麼的協調有序，他似乎生活在一個完美的圈子裡面。

然而大衛的管理也出了些問題。當然，他的問題並不是出在人際關係上，他除了在聆聽方面有一些小小的瑕疵外，幾乎所有的員工和同事都覺得他沒有什麼缺點。那麼問題到底出在哪裡呢？原來大衛一直兼任公司的媒體發言人，每個季度都是由他來向媒體公布公司業績。有天這家公司遇上了一個道德問題，這樣的問題也曾出現在幾家大公司身上。過去這幾家大公司出問題時，總能得到了媒體善意的對待，但這回獨獨大衛的公司成了眾矢之的。媒體二十四小時守候在公司樓下，每天報紙都會用頭版頭條來詆毀公司的聲譽。大衛身為發言人，無疑擔著巨大的壓力。

員工受到報導影響，開始懷疑大衛向媒體通報的資訊是否正確。員工心想：「我們做得很好，可是我們的業績並沒有得到認可。大衛負責向公眾公開訊息，但很顯然他並沒有做好分內的工作。看來大衛又沒有認真聽我們說話了。」

其實大衛的問題並非出在他沒有聆聽別人的意見，身為這家公司的財務長，他當然對公司的業績狀況非常熟悉，他真正的問題在於：他本來就不是專業的公關人員，他向媒體發佈資訊時太過生疏。

這並不是人際關係的問題，而是一個技術問題。大衛要的是一個能教導他在公眾媒體上發言的人，協助他在媒體面前從容應對。

管理者在收集員工的回饋意見時，一定要留心。表面上人際關係的和諧，不代表管理者沒有問題，公司的問題很可能是管理者在技術上的疏忽。在有症狀的時候，管理者就要接受治療。而這個治療往往不是管理的治療，而是自身「技術」的治療。

在企業的管理中，管理者很可能因爲企業止步不前，而聯想到是自己管理策略的問題，因而想要努力改變自己的管理策略，但管理者在策略上進行改變時又發現無從改起。這時候，其實最應該變的就是「技術」！

打造員工的**腦袋**，就是打造老闆的**口袋**

Building a Brain,
Funding a Business

CHAPTER 10
資訊是成功管理的籌碼
Building a Brain, Funding a Business

有些機遇的徵兆很明顯，
資訊的暗示很強烈。
但是，這樣的資訊會被大多數人捕獲，
其中真正屬於你的機會有多少呢？
無數的大機遇都隱藏在「小道消息」之中，
所以管理者要期許自己，
做個隨時留意資訊、分析資訊的有心人。

『訊息戰』就是企業競爭的重頭戲

企業想要獲得成功，關鍵就在於掌握主動，而掌握主動的途徑就是比別人更早更快地獲取資訊。

羅斯柴爾德家族是控制世界黃金市場和歐洲經濟命脈兩百年的大家族，他們極其重視收集資訊和情報。羅斯柴爾德的三兒子尼桑年輕時在義大利從事棉、毛、煙草、砂糖等商品的買賣，很快便成了大亨。這位傳奇人物的表現獲得世人讚賞。但他最讓人稱奇的事蹟，是僅僅幾小時之內，他就在股票交易中賺了幾百萬英鎊。

故事發生在一八一五年六月二十日，倫敦證券交易所一早便籠罩在緊張的氣氛中。由於尼桑在交易所裡是舉足輕重的人物，而交易時他又習慣性地靠著大廳裡的一根柱子，所以大家都把這根柱子叫做「羅斯柴爾德之柱」。這一秒，人們都在觀望著「羅斯柴爾德之柱」的一舉一動。

因為就在昨天，即六月十九日，英國和法國之間進行了關係兩國命運的滑鐵盧戰役。如果英國獲勝，毫無疑問英國政府的公債將會暴漲；反之如果拿破崙獲勝的話，必將一落千丈。

因此，交易所裡的每一位投資者都在焦急地等候著戰場的消息。只要能比別人早知道一步，哪怕半小時、十分鐘，也可趁機大撈一筆。

戰事發生在比利時首都布魯塞爾南方，與倫敦相距非常遙遠。因為當時既沒有無線電，也沒有鐵路，除了某些地方使用蒸汽船外，主要還是倚賴快馬傳遞資訊。而在滑鐵盧戰役之前的幾場戰鬥中，英國均吃了敗仗，所以大家對英國獲勝所抱持的希望不大。

這時，尼桑面無表情地靠在「羅斯柴爾德之柱」上開始賣出英國公債了。「尼桑賣了」的消息瞬間傳遍了交易所。於是，所有人毫不猶豫地跟進，瞬間英國公債暴跌，而尼桑則繼續面無表情地拋出。

正當公債的價格跌到不能再跌時，尼桑卻突然開始大量買進。交易所裡的人們被弄糊塗了，這是怎麼回事？尼桑到底在玩什麼花樣？追隨者們方寸大亂，紛紛交頭接耳。

正在此時，官方宣佈了英軍大勝的捷報。交易所內又是一陣大亂，公債價格持續暴漲。而此時尼桑卻悠然自得地靠在柱子上欣賞這亂哄哄的一幕。無論尼桑此時是激動不已也好，或者是陶醉在贏得勝利的喜悅之中也罷，總之他發了一筆大財。

表面上看，尼桑似乎在進行一場賭資巨大的賭博，如果英軍戰敗，他豈不是要損失一大筆錢？但實際上，這卻是一場精密設計好的賺錢遊戲。

滑鐵盧戰役的勝負決定英國公債的行情，這一點每個投機者都十分明白，所以每一個人都渴望比別人先一步得到官方情報。唯獨尼桑例外，他根本沒想過要倚賴官方消息，他有自己的情報網，可以比英國政府更早知道實際情況。

羅斯柴爾德家族遍佈西歐各國，他們視資訊和情報為家族繁榮的命脈，所以很早就建立了橫跨全歐洲的專用情報網，並不惜花大錢購置當時最快最新的設備，不管是商務資訊或社會熱門話題等情報他們都收集，而且情報的準確性和傳遞速度也遠遠超過英國政府的驛站和情報網。正因為有了這一高效率的情報通訊網，才使尼桑比英國政府搶先一步獲得滑鐵盧的戰況。

另外，尼桑的高明之處又在於他懂得欲擒故縱的戰術。要是換成別人，一旦得到情報後便會迫不及待地買進，無疑也可大賺一筆。而尼桑卻想利用自己的影響力先設下陷阱，造成一種假像，引起公債暴跌，然後再以最低價購進，這樣才能真正大發一筆。這個搶先一步發大財的故事，足以說明提前掌握情報和資訊對於商戰的重要性。

在商場博弈中，若能除去資訊的影響力，則大家獲勝的機會均等。此時，誰能搶佔先機，誰就能穩操勝券。而搶佔先機最有效的途徑，就是提前抓住有利的資訊和情報。收集資訊固然重要，但如果收集到的是虛假的資訊，不但無法搶佔先機，還會誤導企業的策略規劃。因此，爲了確保收集到有效資訊，管理者應遵循以下幾個原則：

一、準確性原則

這個原則是資訊收集工作的最基本要求。爲達到這樣的要求，資訊收集者必須對收集到的資訊反覆核實、不斷檢驗，力求將誤差減少到最低。

二、全面性原則

該原則要求所搜集到的資訊要廣泛、全面、完整。只有廣泛撒網捕捉資訊，才能完整地反映管理活動和決策發展的全貌，爲決策提供科學化的保障。當然，實際所收集到的資訊不可能絕對做到完整，因此在相對不完整的資訊下，還要力求做出科學化的決策，這對管理者的判斷能力就是非常大的考驗。

三、時效性原則

資訊的利用價值取決於該資訊是否能及時地提供，即所謂的時效性。資訊只有及時、迅速，才能發揮應有的作用。特別是決策所要求的資訊是「事前」的消息和情報，而不是「事後」的「馬後炮」。所以，只有資訊是「事前」就得知的，對決策才有效。

總之，管理者若想要企業與時俱進、跟上世界經濟發展的大趨勢，就要養成每天關注各類新聞（產業新聞、經濟新聞、政治新聞、社會新聞）的習慣，這樣才能抓住時代趨勢，在大趨勢裡賺大錢。

「小道消息」背後有「大機遇」

古語云：月暈而風，礎潤而雨。意思就是當月亮周圍出現光環，那就預示將有大風刮來，礎（即柱子）下方的石墩若開始返潮，則預示著天要下雨。這是古代人們利用天象資訊來預知颳風下雨，以做好防範準備的方式。在商戰中，管理者也要做到「礎潤張傘」，善於利用各種小資訊來捕捉機會，成就一番事業。

美國南北戰爭快要結束的時候，市場上的豬肉價格相當貴。亞默爾根據各方收集而來的資訊進行分析之後，認為這種現象不會太長了，因為一旦戰爭結束，豬肉的價格就會立即跌回來。於是，他更加關注戰事的發展，因為他相信不久之後，市場上即將會發生一個大轉變，而他將可以從中抓住商機賺到一筆大生意。

他像往常一樣，天天閱讀報紙。有一天，他發現報紙上寫著一篇新聞：一個神父在南軍李將軍的營區裡遇到幾個小孩子，小孩子們拿著許多的錢問神父該如何買到麵包和其他吃的東西。從孩子們的口中得知，他們的父親是李將軍手下的軍官，已經好幾天都沒有吃過麵包了，而馬肉又非常難吃，所以他們才會到處買麵包。

這本是一段普通的新聞，但是在亞默爾看來，這裡面卻充滿了發財的商機。他針對這項資訊進行分析後做出了判斷：若是連李將軍的大本營裡面都出現宰馬匹來吃的現象，這就說明戰爭轉眼就要結束了。對亞默爾來說，戰爭的結束也就意味著他發財的機會就要來了。他立刻與東部市場簽訂了一個大膽的銷售合約，將自己的豬肉以較低的價格賣給對方，並約定遲幾天交貨。

從當時的情況看來，這批豬肉的價格實在是太便宜了，當地的銷售商們都對此感到興奮，當然也就樂於進貨了。沒過幾天，戰爭情勢果然發生了變化，豬肉價格應聲下跌。而亞默爾那一批豬肉早就銷售一空，這一次的行動，他總共賺了一百多萬美元的利潤，也實現了他的願望。

報紙上一則不引人注目的小新聞，亞默爾卻能從中發現商機，並利用自己的科學分析預見到成功的可能性，再加上他的果斷行動，一想到就立刻去做，也為自己帶來了財富。

有些機遇的徵兆很明顯，資訊的暗示很強烈。但是，這樣的資訊會被大多數人捕獲，其中真正屬於你的機會有多少呢？所以，要想獨闢蹊徑地尋找成功的機會，就必須留意那些被大多數人忽略掉的小資訊。

無數的大機遇都隱藏在「小道消息」之中，所以管理者要期許自己，做個隨時留意資訊、分析資訊的有心人。

打造員工的**腦袋**，就是打造老闆的**口袋**

Building a Brain,
Funding a Business

CHAPTER 11

不擺派頭才是好主管

Building a Brain, Funding a Business

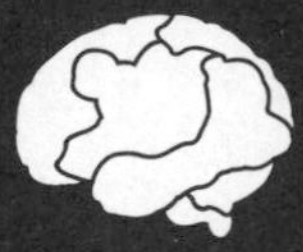

領導者和員工之間，

就像是魚兒和水之間的關係，誰都離不開誰。

優秀的管理者能夠讓自己完全融入員工之中，

不分你我，但到了需要發號施令的時候，

員工又都唯他馬首是瞻。

想要達到這個境界，管理者至少要做到兩點：

有能力，沒架子。

與員工打成一片

在很多企業裡，管理者在員工的心目中就如同「猛虎」一般。就算在休息時間時員工們湊在一起熱鬧地聊天，只要主管一走過來，氣氛馬上會冷卻。大家開始各自鳥獸散，不然就是裝模作樣，不願多說一句話。

一般情況下，主管與下屬之間出現如此隔閡的原因常出在主管對「官」這個身分的理解。我們常說職業無貴賤之分，然而在現實生活中，有的人一旦有了權，就認為自己在權力金字塔上升了一級，既然地位越高，人格當然越高貴，於是便竭力拉開自己與下屬的距離，整天「官架子」十足。像這樣將自己放在高不可攀的位置上，無時無刻製造神秘感，讓員工仰首而視、敬而遠之，使得上級與下級分離，下級對上級俯首聽從，這樣的模式是絕對做不好工作的。

比如有的幹部在指揮日常事務時得心應手，辦起事來也公道正派，作風雷厲風行，但就是處理不好和員工之間的關係。對下頤指氣使，疾言厲色，開口就訓人，也不懂得關心體貼下屬，搞得員工紛紛怨聲載道。當面不敢批評，背後大發牢騷。員工由於心氣難平，做起事來也是彆彆扭扭。但是，出色的領導者和企業則會積極營建出不拘一格、開放性的資訊交流機制，與員工建立起和諧融洽的關係，坦誠相待、平等相處。

美國巨達航空公司在這方面就是很好的榜樣，他們提出「以巨達為家的感覺」，並全力付諸實踐。這家公司對內部徹底實行這套哲學，員工薪資付得比別家航空公司高，而且盡可能避免裁員。

巨達的成功來自許多小事情的集合，而門戶開放政策則決定了巨達的風格。前任總經理畢伯解釋說：「我的機械工程師、飛機駕駛員，以及機上服務人員全都可以直接來見我，如果他們真想告訴我們一些事情，我們會給他們時間，不必層層向上報告。從總裁、總經理到副總經理……沒有一個人有『行政助理』來過濾求見者。當然，這是採取門戶開放政策所發揮的效果。」

巨達航空公司最有趣的觀念是，管理部門可以互相交換工作。例如總裁堅持所有的資深副總都要接受公司裡任何工作類別的訓練（當然不可能開飛機）。即使身為資深副總也應充分明白彼此的業務，以便萬一有必要時，任何人都可以替代他人工作。而且耶誕節的時候，高級主管還需加班幫助行李工人。

另外，高級主管一年至少要跟員工聚會一次，以便讓最高層與最基層人員直接交換意見。他們花在溝通意見上的時間多得驚人，令不在這種環境中工作的人無法想像。例如：最高主管單位一年內連續舉行四天會議，只是為了和亞特蘭大的隨機服務員談話而已。資深副總們一年通常要花一百多天風塵僕僕於各地之間，還不包括清晨一點或兩點搭機查勤大夜班。

高級主管間也需要彼此密切地交換意見。每週一上午舉辦幕僚會議，檢查所有的計畫、所有的問題與公司財物。然後，資深副總帶領所轄部門主管吃午飯，讓他們知道最新情勢。所以公司的宣達事項，總是能夠很快且定期地傳遍全公司上下。

領導者和員工之間，就像是魚兒和水之間的關係，誰都離不開誰。真正優秀的管理者能夠讓自己完全融入員工之中，不分你我，但到了需要發號施令的時候，員工又都唯他馬首是瞻。想要達到這個境界，管理者至少要做到兩點：有能力，沒架子。

天時不如地利，地利不如 氛圍

工作氛圍是一個看不見、摸不到的力量，但能確定的是，工作氛圍是藉由員工之間不斷交流和互動逐漸形成的，沒有人與人之間的互動，氛圍也就無從談起。制度在這方面所能產生的作用有限，最多也不過是最基本的保障作用。更重要的是制度因爲多種原因不能夠很好的執行，這就要充分發揮人的作用。人是環境中最重要的因素，好的工作氛圍是由人創造的，尤其是領導者。領導者的個人風格對團隊和工作氛圍的影響很大。

孟子曰：「天時不如地利，地利不如人和」。人和，就是良好的人際關係和工作氛圍，這是人才最看重的工作條件。良好的工作氛圍可說既是一種條件，也是一種待遇。沒有這個條件，人才不來；沒有這種待遇，人才也不來。

一家大型網路公司被一家新公司併購了，這個新聞引起了業界人士的關注。然而，在這家著名網路公司工作的一位中階經理出人意料地說了這樣的話：「我們最關心的是在進入新公司後，還能否保有原來的工作氛圍。」當員工將要進入新公司的時候，關心的不是待遇、職位……而是工作氛圍，可見工作氛圍在職場工作者眼中，是多麼重要的事情。

研究表明，不同管理者的領導風格會營造出不同的工作氣氛，而工作氛圍最終又會影響到組織的績效。根據統計數字顯示，影響組織成功主要有四個關鍵因素，它們是個人素質、職位要求、管理風格、工作氣氛。其中，工作氣氛對組織績效的影響程度達百分之三十五，而管理風格對工作氣氛的影響度高達百分之七十二。

可見，積極建立良好的工作氣氛是成功管理者的必備能力。其實，建立良好的工作氛圍，不僅是管理者領導能力的體現，也是對員工精神需求的滿足，更是成功企業的內在必然要求。因爲工作氛圍的好壞直接決定著員工的工作效率。

小張，生性開朗、活潑，喜歡和人交流，不願意受約束。他從事的是技術開發工作，剛到公司的頭一天，他發現部門氣氛比較嚴肅，大家都坐在自己的位置上一言不發，悶著頭忙自己的事情，也很少有人走動。他覺得很不習慣，儘管工作環境很安靜，但他的內心似乎有著千軍萬馬，因此他整天焦躁不安，工作效率很低，以前一天能完成的工作，如今變成了兩天。

這個案例清晰地說明工作氛圍對工作績效的影響。

因此，領導者應該注意適當調整自己的管理風格，創建出良好的工作氛圍。良好的工作氛圍是自由、真誠和平等的工作氛圍，是員工在對自身工作滿意的基礎上，與同事、上司之間關係相處融洽，互相認可，有集體認同感、充分發揮團隊合作，共同達成工作目標、在工作中共同實現人生價值的氛圍。

在這種氛圍裡，每個員工在得到他人承認的同時，也都能積極地貢獻自己的力量，全心地朝著企業組織的方針努力。並且在工作中能夠隨時靈活地調整工作方式，使之具有更高的效率。管理者應該能夠掌握創造良好工作氛圍的技巧，並將之運用於自己的工作中，識別出那些沒有效率和降低效率的行爲，並有效地對之進行變革，從而輕鬆地獲得有創造性的工作成果。

打造員工的**腦袋**，就是打造老闆的**口袋**

Building a Brain,
Funding a Business

CHAPTER 12

打造高績效團隊

Building a Brain,
Funding a Business

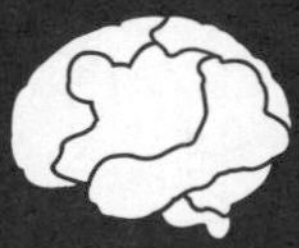

創建一支高績效團隊對於企業的管理者來說，

並不是一件輕而易舉的事情，

它將導致整個人力資源從各個方面發生轉變。

這不但對所有的員工都提高了要求，

對管理者自身也是一個嚴峻的考驗。

企業只有充分發揮團隊的力量，

才能把企業做大。

什麼是 高績效團隊

營利是一個企業的根本任務。任何企業最夢寐以求的，就是一個「高績效團隊」。團隊管理的根本重點，就是塑造高績效的團隊，為企業創造效益，開拓遠景。

什麼樣的團隊算高績效團隊呢？它一般具有以下幾個特徵：

一、共同制定團隊目標

成功的團隊管理者大都主張以成果為導向的團隊合作，這將使團隊獲得非凡的成就。團隊每一個成員都對自身和群體的目標十分清楚，並深知在描繪目標和遠景的過程中，每位夥伴都必須共同參與的重要性。

高績效團隊的管理者會經常和成員一起確立團隊目標，設法使每位成員都清楚瞭解並認同目標，並且向團隊成員指出明確的方向。當目標是由成員共同協商產生時，大家就會產生一種擁有「所有權」的感覺，並從心底認定「這是我們的目標和遠景」。這樣一來，作爲團隊管理者，未來的工作就能因此奠下良好的基礎。

二、團隊成員具備相關技能

高績效團隊的每一位成員都具備實現理想目標所必須的技術和能力，同時具備能夠相互合作的性格，並出色地完成任務。在一般群體中，雖可能有技術能力精湛的人，但卻並不一定有對群體內人際關係處理技巧高超的人。但在高績效團隊裡面，往往兼而有之。

三、彼此信任

成員間相互信任是高績效團隊的顯著特徵，每個成員對其他人的行爲和能力都深信不疑。團隊內部有著坦誠、開放的溝通氣氛，成員間相互依存、友好合作，共享資訊和專業知識。當然，除了維持群體內的相互信任之外，還需要引起管理階層足夠的重視。組織文化和管理階層的行爲，對於形成相互信任的群體氛圍很有影響。如果一個組織崇尚開放、誠實、協作的辦事原則，也鼓勵員工的參與和自主性，就比較容易形成信任的環境。

四、角色明確

高績效團隊的每位成員總是很清楚瞭解自己所扮演的角色是什麼，知道自己的工作成果對目標會產生什麼樣的影響。他們明白自己該做什麼，不該做什麼，彼此之間也很清楚其他成員對自己的要求。

高績效團隊在最初分工時，彼此就已經建立起相互依存的關係。大家既清楚合作的重要，也知道在團隊的榮辱成敗中，自己佔有多麼重要的份量，並且也懂得避免發生衝突。

五、管理有效

高績效團隊的管理者能夠爲團隊指明前景，讓團隊跟隨自己一同度過最艱難的時期。他會向成員闡明變革的可能性，鼓舞成員的自信心，幫助他們更充分瞭解自己的潛力。管理者應對團隊提供指導和支援，但不會試圖去控制它。

六、具有良好的支持環境

高績效團隊通常都有著良好的支持環境。從內部條件來看，團隊需要一個合理的資訊基礎，這就包括適當的培訓，以培養成員所需要的技能和知識。除此之外，團隊還需要一個易於理解的績效評估系統；一個支援團隊建設和運作的人力資源系統。良好的基礎結構可以支援並強化成員的行爲，取得高績效水準。從外部條件來看，高績效團隊還能從管理階層身上獲得各種完成任務所必須的資源。

創建一支高績效團隊對於企業的管理者來說，並不是一件輕而易舉的事情，它將導致整個人力資源從各個方面發生轉變。這不但對所有的員工都提高了要求，對管理者自身也是一個嚴峻的考驗。

如何打造高績效團隊

只要是開公司，老闆都希望能越做越強、越做越大。但如何才能把企業做強做大呢？個人的力量有限，團隊的力量才是無窮的。企業只有充分發揮團隊的力量，才能把企業做大。可是團隊又該如何打造呢？

根據管理大師杜拉克的管理概念，想要建設一個高績效團隊，可以採用以下步驟：

一、構建基本的團隊框架

堅實的框架可以使團隊有能力解決棘手、困難的問題，但同時又必須做到強調框架的重要性，而不致扼殺團隊創造力或權威影響力，這個微妙的平衡很難掌握，但對團隊建設至關重要。部分具有高度創造力的團隊會在企業的限制範圍以外進行工作，但大部分團隊還是會希望與所屬企業有依附關係，並且能夠在企業的組織結構中佔有一席之地。儘管不同的企業會有不同的組織型態，但大致相同。普遍來說，成功的團隊其結構組成是這樣的：

方向引導者。由高層管理人員和經理、主管、團隊領導者成員及其他關鍵人物組成。就像夜行的船隻離不開燈塔的指引一樣，團隊也需要這樣的方向引導者，他們要能確立團隊工作和服務的模式，同時也是意見的提出者，和工作過程中的錯誤糾正者。

智囊團。所謂智囊團通常是由多個部門成員組成的群體，成員則選自企業內部的各個部門和各個階層。智囊團的作用在於檢查整體企業制度系統是否存在問題，並確立某些目標以提高企業的生產力。這是一個行動性團隊，它決定了主事者、管理者和任務擔當者各自的具體責任。智囊團的成果一般要兩至三年才能顯現出來。

稱職的管理者。他們是團隊成功的關鍵。一個富有魅力和威望的管理者會把團隊成員緊緊地團結在自己周圍，反之就會人心渙散，更別說有什麼團隊精神了。

團隊顧問。他們是團隊的指導者兼顧問，可幫助團隊確定風險性，解決團隊內部或團隊與外部人員的衝突問題。由於不是團隊內部成員，所以他們看問題可以更客觀，並且在幫助團隊進行工作時，也能保有更大的自由度。顧問可幫助團隊建立工作標準，指導成員使用各類工具和圖表，以保證團隊準確有效地向既定目標前進。

二、提高團隊技能

團隊建設過程的關鍵就是這一點，團隊工作必須以最高效率的方式發揮，使團隊技能得到加強和發展。

角色明確。想使一項任務得以圓滿完成，就有必要讓每個人都清楚自己的職責和權力範圍。幫助每位成員搞清楚自己的任務，並明白個人任務與他人任務之間的關係，這樣的理解將可以創造出一種很強的團隊內部團結感和忠誠意識。

解決問題。知道如何使用解決問題的工具和技巧對團隊的成功很重要。綜合培訓加上耐心的督導，將有助於團隊成員借助資源省時省力地完成任務。

消除衝突。提高解決衝突的技巧，有助於員工間產生相互的尊敬，並使團隊達到更好的決策水準。

三、團隊的整合

英國一家知名市調公司曾對一百多家跨國企業進行調查。結果顯示，大多數人認為，未來的幾年中將主導和影響自己企業的將是「領導者的團隊」，也就是一個經過整合的團隊。由此可見，未來團隊管理者的任務，就是懂得組合團隊並使團隊間相互合作。

那麼，如何使團隊既分工又合作呢？

一個團隊的基本組成就是要擁有不同才能的人，但若團隊因分工過於清楚而無法合作，或缺乏相互支援相互學習的風氣，彼此間不清楚團隊的職責所在，那麼企業就絕對擺脫不了處處受阻的困境。

在團隊的運作中，除了因個人才能及企業需要設定工作職位外，更重要的是要有共同的價值觀。價值觀不同，人與人就會無法有效地溝通，無法建立共識。面對問題時，也會因個人的才能或看問題的層面不同，而採取不同的解決方法。

這樣的方式有時可以解決當前的問題，但有時卻會事倍功半，因爲無法集合共同的力量，導致團隊效率大打折扣。出色的團隊領導者者懂得抓住時機進行團隊的整合，使團隊內部達成共識，培養合作的精神，讓大家把力量用在同一個點上，實現團隊的高績效。

打造員工的**腦袋**，就是打造老闆的**口袋**

Building a Brain,
Funding a Business

CHAPTER 13

讓你的情緒成為秘密

Building a Brain,
Funding a Business

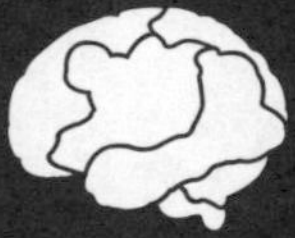

管理者不能讓自己的負面情緒左右自己。
這會傳染給員工，造成不良的影響。
隱藏情緒，冷靜地面對企業中的變故，
不要把高興和悲傷都擺在臉上，
讓人一眼看穿。
多一點控制和隱藏，
不管多棘手的問題都會慢慢化為無形。

做情緒的主人

作爲管理者，不能總是把情緒擺在臉上，尤其是負面情緒，這會傳染給員工，造成不良的影響。比如員工在向你彙報時，你的情緒不好，老是擺著一副臭臉，員工本想進一步溝通，一看到情況不對就會立即打消主意；在做決策的時候，管理者若受到自己的負面情緒影響，就可能會遲於應對，弄得大家焦頭爛額。每個管理者都會有自己的情緒，在競爭和壓力之下，這些都是無法避免的，管理者必須把自己的情緒隱藏起來，調整到最佳的工作狀態，才能有效地工作。

一位銀行經理在與家人吵架之後，帶著怨氣上班，人雖然在辦公室，心裡卻仍然回想著剛剛吵架的情形。這時一位員工帶著一張客戶的投資單給他看，要求核對後並填上金額。經理明明看到檔案上二十九萬元的現金額度，一回頭居然在金額欄寫了三十萬元。要知道這是多麼嚴重的錯誤，因為合同已經擬好，且有了法律效益，不能更改。等經理意識到自的負面情緒所帶來的結果時，已經沒辦法彌補了，只能自己墊上一萬元現金。看起來，一萬元對這位經理來說，好像也不算是什麼大數目，可是如果是三百萬，甚至三千萬呢？也許事情就沒有那麼好解決了。

管理者不能讓自己的負面情緒左右自己。只要是工作時，就要隨時保持鎮定與微笑，這樣員工不管遇到什麼困難，都會覺得背後有股強大的力量在支持他。

很多管理者，一旦面對自己始料未及的情況，就會失去理智遷怒客戶或者員工，這樣問題不但解決不了，還會把事情弄糟。管理者若能學會隱藏情緒，平靜地解決問題，那麼事情就可能沒有那麼棘手，慢慢地便可以得到解決。

作家斯摩爾曾經說過：「做情緒的主人，駕馭和把握自己的方向，使你的生命按照自己的意圖提供報酬。記住，你的心態是你——而且只是你——唯一能夠完全掌握的東西，學著控制自己的情緒，並且利用積極心態來調節情緒，超越自己，走向成功。」

一個管理者，要隱藏自己的情緒，冷靜地面對企業中的變故，不要把高興和悲傷都擺在臉上，讓人一眼看穿。多一點控制和隱藏，不管多棘手的問題都會慢慢化為無形。

成功的人不抱怨，抱怨的人不成功

古羅馬有一則寓言故事：

一天，素有森林之王稱號的獅子來到了天神面前：「我很感謝您賜給我如此雄壯威武的體格，如此強大無比的力氣，讓我有足夠的能力統治這片森林。」

天神聽了，微笑地問：「但這不是你今天來找我的目的吧！看來你似乎為了某事而困擾呢！」

獅子輕輕吼了一聲說：「天神真是瞭解我啊！我今天來的確是有事相求。儘管我的力量再大，但是每天雞鳴的時候，我總是會被嚇醒。祈求您再賜給我力量，讓我不再被雞鳴聲嚇醒吧！」

天神笑道：「你去找大象吧，牠會給你一個滿意的答覆。」

獅子興沖沖地跑到湖邊找大象，還沒見到大象，就聽到大象跺腳所發出的「砰砰」

響聲。

獅子加速跑向大象，卻看到大象正氣呼呼地直跺腳。

獅子問大象：「你幹嘛發這麼大的脾氣？」

大象拼命搖晃著大耳朵，吼著：「有隻討厭的小蚊子，總想鑽進我的耳朵裡，害我都快癢死了。」

獅子離開了大象，心裡暗想：「原來體型這麼巨大的大象，還會怕那麼瘦小的蚊子，那我還有什麼好抱怨呢？畢竟雞鳴也不過一天一次，而蚊子卻是無時無刻地騷擾著大象。這樣想來，我可比他幸運多了。」

獅子一邊走，一邊回頭看著仍在跺腳的大象，心想：「天神要我來看看大象的情況，應該就是想告訴我，誰都會遇上麻煩事，而祂並無法幫助所有人。既然如此，我只好靠自己了！反正以後只要雞鳴時，我就當作雞是在提醒我該起床了，如此一想，雞鳴聲對我來說還算是有益處的呢？」

獅子即使已經是叢林當中的王者，也少不了抱怨。雖已擁有很多資源，還是會對身邊的小事不滿意。管理者在一個團隊裡面，也是「王者」的身份，當然也會抱怨員工的種種不是，甚至是苛求。

獅子在經歷一番尋找後，才明白了這個道理：要控制情緒，減少抱怨，不好的事情也許實際上並沒有那麼糟糕。所以管理者也要有這樣的覺悟，員工並不是沒有缺點的璞玉，他們是來工作的，當然不免有小毛病。所以管理者必須控制好自己的情緒，不要把抱怨掛在嘴邊，否則對公司的發展非常不利。

大衛的公司平時出差機會很多，員工每月都會遞給他很多張報帳單據。由於每次報銷的數額都不小，大衛每接到一次單據，就會對員工抱怨說：「我們只是個小公司，你們出差的時候能不能節省一點，替我考慮考慮。」

其實員工的用度並不過分，他們出門吃住也都是挑便宜的。大衛也不是一個吝嗇的人，發薪水的時候從來不含糊，甚至還會大方的多給些獎金。唯一的毛病就是愛抱怨，所以員工每一次報帳的時候總是小心翼翼。一開始大家都因為覺得老闆不是個小氣的人，所以也就算了，保持沉默。漸漸地，員工再也忍受不了他的抱怨，一批批地都離職了。出差本來就需要經驗老手才有效率，這下大衛不得不啟用新人了。新來的員工不僅上手慢，而且出門用度比原來的資深員工們貴很多。大衛這才開始後悔了，但是為了公司，實在不能再辭退這些剛上手的員工，他只能為自己的抱怨所帶來的損失買單。

抱怨是管理者的「致命傷」，抱怨只會讓下屬覺得更沮喪，讓管理者漸漸失去民心。所以若是管理者有什麼想法，大可以大方的提出來，毫無理由的抱怨是管理者的大忌。成功的人不抱怨，抱怨的人不成功。

打造員工的**腦袋**，就是打造老闆的**口袋**

Building a Brain,
Funding a Business

CHAPTER 14

管理好大客戶

Building a Brain, Funding a Business

大客戶對每個企業來説都至關重要，
他們在一定程度上都能夠決定企業的發展，
客戶對品牌後續服務越滿意，忠誠度就越高，
他們也會幫忙宣傳企業、產品，
甚至是企業文化。
因此一定要定期對大客戶進行拜訪。
只有這樣，企業才能做到「可持續發展」。

大客戶要定期拜訪

客戶對品牌後續服務越滿意，對品牌的忠誠度就越高，因此企業銷售人員一定要定期對大客戶進行拜訪。

在這方面，方正科技就是一個典型，真正做到了設身處地為客戶考慮，並通過「春風行動」將全面周到的售後服務帶到客戶的身邊，完全秉承了「全程服務」、「想客戶之所想，急客戶之所急」的服務宗旨。除常規服務外，還特別針對業界大客戶提供備件專儲、專線專人服務，以保證客戶的需求能夠隨時得到滿足，並主動上門提供軟體更新、設備維護等增值服務，幫助客戶從日常煩瑣的辦公設備維護工作中獲得解脫。這些服務不但贏得了客戶的讚許，更贏得了客戶的信賴。

方正科技從上至下都對「春風行動」給予高度重視，為使回訪行動達到預期的效果，方正科技的領導階層會親臨各個區域，指導當地的「春風行動」。有一回，方正科技一位主管帶領工作小組拜訪了西安實驗中心。在拜訪過程中，方正科技工作人員首先詳細地詢問了設備的使用情況，現場解答了實驗中心工作人員在使用機器時遇到的一些疑難問題，並就他們提出的具體需求當場做了詳盡細緻的安排，力求在最短的時間內以最優質的服務解決存在的問題。

在拜訪大客戶時，要切實弄明白「回饋」在交流中的重要性，因爲我們對大客戶的每一次拜訪，都希望能得到客戶的回饋，從而提高產品或服務品質。我們可以先來看個簡單的實驗。

讓兩個人背對背坐著，每人面前都有一張桌子，每張桌上都擺放著一套相同的兒童積木。由其中一個人根據自己的設想指導對方搭出同樣的結構，而仿製的人（也就是資訊接收者）只能聽從指導，不能以任何方式詢問。

由於缺乏回饋，這個任務很難完成，並且因為剛開始一些理解錯誤和小失誤無法立即糾正，也導致後來越來越混亂。

這個實驗也證明了，回饋越多越及時，交流就越迅速越有效。但這種回饋要靠什麼獲得呢？對大客戶的定期拜訪就是獲得回饋很好的方式。

在客戶拜訪過程中與客戶交談，仔細觀察客戶的回饋，更是必不可少的工作。這不僅可以及時瞭解客戶是否真正得到並正確理解企業發出的資訊，而且也可以及時發現問題和策略失誤，同時掌握客戶變動趨勢，以此作爲改進產品和銷售工作的依據。

銷售過程中，拜訪大客戶，面對面地與大客戶交流，是銷售人員必須掌握好的階段。雖然拜訪還不是正式的談判，但在拜訪中，銷售人員卻可以達到以下幾個主要目的。

一、介紹公司的性質與產品。

二、向客戶提供選擇該產品的理由。

三、向客戶表達提供良好服務的意念。

四、讓客戶在未來的一段時間中，不會忘掉這次拜訪。

五、當客戶有需求時，首先想到的就是與你合作。

如果能完全達到以上目的，便是一趟成功的拜訪。拜訪與成交之間通常還會有一段相當大的距離，因此拜訪應該盡可能淡化你的目的性。

銷售人員在拜訪大客戶時有些細節是必須注意的，抓住細節將有助於更深入了解客戶，通常在面對面交流過程中，我們可以通過觀察對方的舉止來判斷其反應。例如：對方面部表情和細微身體動作的變化，都可以代表生氣或高興、不耐煩或饒有興趣等。聲調也有傳遞資訊的功用，這一點在電話交流時最有用，雖然看不到對方表情，但從聲調就可以判斷出對方的態度。

在交流中認真傾聽對方所傳遞的資訊是十分重要的一件事。首先要傾聽資訊的直接內容，並且學習用「第三隻耳朵」傾聽資訊的內在含義。在多數交流中所傳遞的資訊都有一定的內在含義，當說話者帶有某種感情色彩時，聽話者不僅要理解字面意思，更要理解其內在含義。這種含義往往是以非語言的方式傳遞，所以很容易被忽略。因此，銷售主管在拜訪大客戶時必須特別注意這些細節。

以上只提到拜訪中的細節，但是要真正做到成功的拜訪，銷售人員還必須注意兩項準備工作，也就是預約和撰寫拜訪計畫。

預約是指用電話等形式向客戶表達希望對其進行拜訪，因爲大多數客戶不喜歡銷售者貿然登門，而且如果客戶並沒有需求，那麼貿然拜訪也是效率非常低的方法。

一個成功的拜訪必然是在有充分準備的前提下才能夠達成，雖然不是每次拜訪都要形成書面的文字。但在拜訪之前，你必須要想好以下幾個問題的答案：

一、這位客戶與你過去的客戶之間有什麼異同？

二、如何說服這位客戶？

三、如何令他留下深刻印象？

四、客戶若打斷了談話該怎麼辦？

五、是否已瞭解客戶的資訊？

六、如何將客戶的發展和企業的發展命運結合在一起？

大客戶對每個企業來說都至關重要，他們在一定程度上都能夠決定一個企業的發展命運，所以管理者一定要監督業務人員對大客戶的定期維護情況。只有這樣，企業才能做到「可持續發展」。

將欲取之，必先與之

企業要想真正感動客戶，必須要有足夠的愛心與恆心，也就是要有感情基礎。因爲大多數客戶都不會因爲接受過一次企業廣告資訊，就立即購買產品。這也是銷售的基本常識。其實，客戶都是有需求的，只是你還沒有挖掘到顧客真正願意採取購買行動的理由。只要你能找對理由，一個足夠光明正大的理由，再頑固不化的客戶都會被你感動。就算是衝著你的愛心和恆心，也會被你打動購買的。客戶的需求有許多層面，只有讓需求達到滿足，客戶才會買你的帳。否則即使你說得天花亂墜，客戶也是無動於衷。

如果企業真的能夠感動客戶，也就能夠留住客戶。此類客戶也會幫忙宣傳企業、產品，甚至是企業文化。

每個人都願獲得別人一定程度的關注，如果你對客戶的重要日子表示關注，那必能得到客戶的好感。你要用心記住與客戶相關的一些重要日子，這些日子可以是客戶的生日、週年紀念或其他重要的日子，時間到了，你一定要對客戶表示祝賀。

當然在這種重要的日子裡，向你的客戶表達慶祝的方式有許多種。比如說聚餐，在餐桌上瞭解客戶細小但卻重要的飲食習慣，也能在關鍵時候發揮重大作用。尤其是一些特殊需要，如客戶是否爲素食者，是否對某種食物過敏，在飲食方面有什麼禁忌，比如某些人就是不能吃螃蟹……等。

也可以在對客戶而言很重要的日子裡，將通常降價處理的庫存免費贈送給客戶。當然這種禮物最好新穎別致又有紀念意義，否則就不要採用這種辦法。這些免費的禮物價值大約在十五美元左右最適當。收到免費禮物後客戶的購買率會從百分之五增加到百分之二十五，平均消費額度就會從一百美元增加到三百美元。說到這裡，是不是很值得思考看看，到底該免費贈送什麼禮物，才可以引起客戶對公司產品的購買慾呢？

記住大客戶的重要日子並加以拉攏，是一種「將欲取之，必先與之」的策略，這是一種古老而可靠的技巧。在美食宴席上，在政治活動獻金中，甚至在第三世界國家獲得的金援中，都可以看到這種「將欲取之，必先與之」的招數。

Wallace Hawkes 是一家位於洛杉磯的工程公司 URS．Greiner 的董事。自一九九三年以來，已經乘坐德爾塔（Delta）航空公司的班機飛行了九百七十萬英哩。為此，他得到了最好的禮物和服務：一位私人代表親自在艙門口迎接他，幫他拎行李並將他領到頭等艙的座位上。每年在一些特殊的日子裡，他都會得到航空公司送給他的禮物，飛機模型、機長的帽子、電動地球儀、放在他辦公室的頭等艙真皮飛機坐椅等等。他還能帶朋友免費搭乘飛機到香港。

與德爾塔航空公司從 Hawkes 先生身上賺取的兩百六十萬美元收入相比，航空公司這點花費真是微乎其微。

從上述案例中我們可以看出，對於德爾塔航空公司來說，Hawkes 不是一般的客戶，在他的董事職業生涯中，平均每年六十萬英哩的航空旅行，無疑是個人商務開支中最大的項目，這筆花費遠遠多於他花在食品、住宿、乘車和其他服務上的開支。而與其他項目的開支相比，這筆費用又花在了極少數的商家手裡。

所以對於商家而言，一名忠實職業經理人的價值，不管在收入和收益兩方面，都是巨大的。Hawkes 爲德爾塔航空公司帶來的收入流，遠遠超出了成本流，這就是他所體現出的終身價值。也是德爾塔航空公司爲 Hawkes 提供最好禮物和服務的原因。

一般來說，在客戶的重要日子裡，找合適的機會送小禮物是一種最常用的方法。但這方式或許太過老套，若是你能得知客戶非常想參加某個活動，而你恰好有機會得到入場券，那何不送他一張呢？或者送給客戶一件他非常想得到的小禮物。但送出小禮物的時機，切記要在一個合適的環境下，並且提出恰當的理由，千萬別讓客戶感覺你在阿諛奉承。如果禮物被認可了，就代表你也得到了認可，一旦客戶接受了小禮物，你們的關係就會更加親近了。

當然，你也必須允許客戶爲你做同樣的事情。如果客戶提供給你一杯咖啡，別拒絕，接收它並借機讚許你的客戶。

大客戶是所有商家爭搶的對象，想要留住他們，企業就要多在細節上下工夫。

關注客戶的終身價值

客戶的終身價值（Life Time Value，LTV）與終身商業關係是相輔相成的。現在已經有許多公司都意識到了這點，並主動鼓勵員工估算特定客戶的LTV值。這項理論的重點是，如果公司員工清楚知道一個客戶的真實價值，就會明白該客戶對公司來說有多麼可貴。同時也因為瞭解了客戶所具有的價值，他們對待客戶的方式也會發生變化。

但實際上，很多員工卻把LTV當成是一個不代表太多意義的管理方法。造成這一結果主要是因為缺乏有效的培訓，在溝通上也有所不足。LTV估算的重要性，必須通過內部溝通來告知公司全體員工，除非員工態度發生改變，否則公司有必要自己估算出客戶或部分客戶的LTV值，並用易於理解的方式來傳達給員工，督促他們進一步為客戶提供卓越的服務。

管道管理過程中，對LTV值的重視和處理，是很重要的環節，因為無論哪種產業，與忠誠客戶發展關係均會為公司帶來源源不絕的利潤。忠誠客戶為公司創造的利潤主要體現在：

一、尋找客戶。這些尋找客戶的成本，將會在建立客戶關係的過程中得到補償。

二、在客戶關係建立的早期，銷售額和利潤水準都很低。但是這形成了一個基礎，可以就這個基礎上建立長期的客戶關係。

三、一旦客戶熟悉公司的產品和服務之後，他們將更願意從該公司購買新的產品和服務。並且在進一步的購買過程裡，他們對價格就不會像第一次購買產品那樣敏感，於是利潤水準就可以提高了。

四、隨著客戶對公司及其政策瞭解的增加，爲這些客戶提供服務的成本也降低了，因此總成本也連帶降低。真正忠實的客戶能夠成爲公司的宣傳者，其中會有些人急於把公司推薦給其他人，又帶來新的業務，大大增加了營利。

五、與客戶保持關係的時間越長，公司的營利水準就越高。若公司對忠實客戶沒有更多的關注，那一定是因爲不夠瞭解其價值。計算好客戶的持續價值，其結果將使你大開眼界。

企業在意識到客戶終身價值 LTV 的巨大作用之後，對 LTV 的計算方法便開始越來越成熟，諸如服務費、呆壞帳目、保險費以及其他各種無關緊要的開銷都已經被剔除，特定客戶的 LTV 值變得極為清晰。將客戶分為各種不同的消費者，是全面觀察所有客戶 LTV 值的重要辦法。

在管道管理中，如果企業能成功界定出哪些客戶具有高度終身價值，就能在常規基礎上向這類客戶提供水準更高的服務。在相關商業領域中，一些前瞻性很強的先驅甚至還會界定出具有高度 LTV 潛力的未來客戶。將 LTV 的估算帶入另一個層次。只要是能夠做出正確分析的企業，一定會得到豐厚的回報。這一點將提醒所有人，客戶所具有的價值遠遠大於他當前的消費水準。

企業對所有客戶的推展力道不能平均，一定要區分誰是策略性重點客戶，也就是大客戶。一旦公司瞄準了目標大客戶群，並開始滿足和超過客戶的期望值，客戶的滿意度就會上升。隨之而來的，是客戶的忠誠度增加，從而為公司利潤帶來顯著的影響。

打造員工的**腦袋**，就是打造老闆的**口袋**

Building a Brain,
Funding a Business

CHAPTER 15

喊破嗓子不如對員工做出樣子

Building a Brain, Funding a Business

企業的規章制度，管理者自己必須首先認可，
並嚴格遵守，對執行過程尤其不能撒手不管，
務必在適當時機對執行細節追根究底，
找出缺陷，並予以持續改進，
這樣才能促使員工遵守企業的規章制度，
對管理者肅然起敬，
也是塑造一個好的企業文化氛圍的必要重點。

以身作則，用榜樣影響員工

很多人總認爲小公司的老闆什麼都應該做，業務也必須要親自出去跑。但大公司的老闆就不用跑了，因爲他們有自己的專屬團隊，老闆親自去跑顯得有失身份。

餘世維是管理界的泰斗，他經常強調：一個總坐在電腦前的老闆不是好老闆，老闆一定是坐在客戶那裡。

每個大企業都是從小公司起步的，都需要經歷無數的苦難。企業從誕生的那一刻起，就必須無條件地接受優勝劣敗的市場規則。企業管理者不僅要保持團隊的執行力，還要維持企業在市場的競爭優勢，做這樣的管理者不容易！所以如果想要企業在競爭如此激烈的形勢下脫穎而出，管理者就要率先示範，以身作則。

面對全球金融海嘯，大衛所領導的運輸部適時推出了低成本運行模式，以求早日度過「經濟寒冬」。大衛身為運輸部的高層管理者，他在應對這次危機的過程中，敢作、敢為、敢當，帶領員工齊心協力，與企業共渡難關。在公司獲得復甦之後，大衛對自己的管理做了總結：

首先，我必須擔當運輸部的定心丸。面對從未經歷過的困難，員工很容易受影響。我應該憑藉自己在企業中所處的地位、所瞭解的情況和自身的學識，積極發揮影響力。如何扮演好一個定心丸的角色呢？一是自己需要加強學習，提高自己對形勢的判斷能力，以便能夠準確理解公司決策高層的策略舉措；二是要利用各種機會向員工宣達公司的方針，員工的心情很容易受到影響，我要多多與員工交流，瞭解員工的想法，及時為員工解惑，以確保人心不亂、執行力不減。

其次，我更要成為降低成本增加效率的推動者。在整個企業大力宣導成本改善的活動中，我們不僅要快速響應，更要以創新的思路和發現的眼光，積極尋找改善點。雖然節約能源政策已推行了多年，但可控制的空間越來越小，而經過仔細分析，我們找出了不同作業燃油消耗的差異，從而確定了科學的合理指標。此外，我們還創新出一套「外輪伴航節油操作法」，利用外輪行駛中尾部形成的水流，推動船的行進，有效減少了燃油的消耗。進一步降低燃油消耗是我們運輸部的重頭措施，也是我們運輸部的重要專案。

另外，為了強化現場管理的執行，我也要身體力行。瞬息萬變的市場不會給我們多少論證和探討的時間，因此我們的工作要求特別高，難度也非常大。我的率先示範不僅是行動，也是一種工作態度，更是帶動廣大員工與企業共體時艱的有效手段。特別是在安全管理上，作為管理者我更要嚴格執行標準化作業，不能因為成本壓力而在標準化執行上打折扣。我必須時刻提醒自己和員工：安全才是最大的節約成本。

在大衛的榜樣作用下，公司從困境中走了出來。榜樣能在企業的振興過程中發揮巨大的作用，這就是它的力量。作爲管理者首先應該嚴於律己，做出表率，才能潛移默化下屬。管理者的行爲就是無形的教科書，榜樣的力量無窮。

在企業裡，管理者只要能夠嚴格要求自己，各層級管理者也會仿效，員工也會努力跟進。他們工作起來會更認真，更有幹勁，做事也會更仔細。反之，如果管理者只知對員工頤指氣使，總是擺出一副高高在上的樣子，那麼員工就不會樂意爲其效勞。員工的言行往往都是以管理者的言行爲導向。

企業的規章制度，管理者自己必須首先認可，並嚴格遵守，對執行過程尤其不能撒手不管，務必在適當時機對執行細節追根究底，找出缺陷，並予以持續改進，這樣才能促使員工遵守企業的規章制度，對管理者肅然起敬。

企業的每一個進步，都需要管理者和員工的共同努力，管理者應凡事爲員工做出表率，凡事心繫企業及員工，講究工作方法，注意工作細節，爲企業的各項工作發揮管理者的能力。

言行一致

在某些企業裡，管理者總是被員工這樣抱怨：長官說一套自己卻做另一套，他們嘴上說希望改革，但他們自己卻從不能真正以行動來兌現；長官總是告誡我們應當如何去做，但他們自己卻總是逍遙自在，從不行動；即便長官真的行動了，其過程或結果也與他們自己最初的要求大相徑庭。

一位老闆要求員工在上班期間不准用公司電腦聊天，更不能玩網頁遊戲。他還經常突擊檢查，以彰顯自己身為管理者「明察秋毫」的紀律。許多員工都因為違反公司規定，被他訓斥了很多回。很多員工一肚子氣，卻也只能忍著。

直到有一回，小李準備敲門進入老闆的辦公室，發現門只是虛掩。他敲了半天，只見老闆坐在辦公椅上，雙眼盯著電腦一直沒有反應，他只好主動推門進去。

老闆並沒有意識到小李已經來到他身旁。小李好奇地瞥了一眼老闆的電腦，螢幕上竟然是最近網路很風靡的網路遊戲頁面。他當場放下要呈遞給老闆的檔案轉身離開，而老闆自始至終都很忘我，根本沒有注意到他。

小李離開老闆的辦公室以後，便開始在公司大肆宣揚這件事，很多員工都感到憤憤不平，甚至開始對上司陽奉陰違。

此後老闆越來越覺得管理開始失去效果了，員工們都把他的話當耳邊風，工作的時候明目張膽地聊天玩遊戲。

他非常生氣地對秘書說：「我一開口唸那些員工，他們就反問我為什麼自己就可以在公司裡玩遊戲。氣死我了！我是老闆，難道我也要和他們一樣嗎？」

這位老闆問秘書這種問題，確實是太愚蠢了。作爲管理者，理應首先做到有此「言」必有此「行」，員工們才會跟著做到言行一致。

就某個角度來說，企業文化就是老闆文化。因爲在組織裡，領導者對於組織價值觀、文化理念和行爲體系的塑造，作用是難以估量的。「言行一致」除了是一個正直管理者的標準，也是身爲管理者必須具備的特質，單單這一點，便可以塑造和改善企業組織文化。企業管理者若想避免員工對自己不信任，消除員工認爲自己言行不一的印象，以下做法值得管理者借鑒。

作爲管理者，如果企業正在宣揚的觀點與你的核心價值觀一致，你的言行很自然就容易一致。因此，你要先明白「爲什麼」要求這樣的變革或改善，你也必須確認這些變革和改善與你的信念和核心價值是一致的，這個時候你才能著手去要求變革，或要求員工改善工作品質。管理者希望員工做到的，自己首先就應當作到。沒有什麼比員工看到上司以身作則更有說服力。

公司的管理制度既然是老闆制定的，當然老闆就要去執行。想想看：員工們爲什麼要去執行連制定者都不願意執行的規則呢？

管理者要說到做到，不要隨便承諾自己力不能及的事，這樣才能保持員工對你的信任。要把自己視爲公司團隊中的一員，才能深入實際情況，作出具體行動。這樣一來，員工才願意信服管理者，因爲你了解工作，能夠體會到他們的經歷。要把自己的承諾建立在整個組織目標基礎之上，要熟悉組織的策略目標和使命。你的每一項承諾，都不僅僅是爲了獲利。

爲了讓員工們都能瞭解企業的發展預期和方向，管理者要盡可能舉行關於企業內部策略的對話活動。管理者與企業內部各個機構展開策略對話，目的是爲了建立企業內部信心，促進部門協調及新產品開發、生產和客戶服務。

員工們都期望有一個好的企業文化氛圍，管理者應該利用一切可能的溝通工具，包括公司各種會議、企業論壇等，讓大家建立承諾和相互支持來實現一個好的企業文化氛圍。

由此可見，管理者的言行一致，以及上面這些需要管理者關注和嘗試的各個方面，都是管理者與員工和諧相處的必備條件，也是塑造一個好的企業文化氛圍的必要重點。

律人之前先自律

榜樣是人的行爲參照。在企業裡，管理者如果是一個好榜樣，員工就會以他作爲參照。這樣，管理就能導向員工的內心，並卓有成效。

要成爲一個好的管理者，律人之前先自律。管理者「自律」的最好方式就是身教，因爲言教再多也不如身教有效。行爲有時比語言更重要，領導的力量，往往不是來自於語言，而是由行爲動作體現出來。在一個企業裡，管理者當然是眾人的榜樣，他的言行舉止都看在員工的眼裡，只要懂得以身作則來影響下屬，管理起來就會得心應手了。

格力電器總經理董明珠就是個嚴格要求自己的人。

董明珠嚴格要求自己，從她剛剛在格力從事行銷時的所作所為便可見一斑。同事們都說董明珠工作起來很拼命，每天只睡五個小時，就算說夢話的時候，說的也全跟公司有關係。一有什麼想法，她半夜也會跳起來拿起本子記下來，甚至還會打電話跟同事討論，許多行銷絕招就是這麼產生的。

而且，在當時行銷還是一個很新的職業，在人們的印象裡，一般男性業務要能吃、能喝、能玩、左右逢源；女性業務就需要青春貌美，善於運用女性的武器。而董明珠在這個行業中卻像個異類，滴酒不沾，在飯桌上只喝水，做事很有原則，不會「同流合污」。

如果說董明珠還是一名待在行銷位置上的普通員工，那也許就沒有那麼多責難和麻煩了，因為她對自己的嚴格要求並沒有影響到他人。但是，當她坐上管理者的位置時，她對工作、對屬下的嚴格要求，很快就引來了抱怨。

在董明珠走馬上任前，員工遲到早退、喝茶看報、吃零食聊天，都是行之有年的潛規則。直到董一上任，就開始嚴格管理，把一些老員工訓得直掉眼淚。經營部女性同仁多，公司對她們的服裝、頭髮和走路姿勢都立下了明確的規定，要求大家最好剪短髮，留長髮的上班要盤起來，更不准帶著一大堆飾品來上班。當然她自己就是這樣做的。董明珠始終認為，沒有嚴格的制度，就無法產生強大的戰鬥力。果然，不久之後經營部就煥發出全新的工作氛圍。

一天，一個沒有與格力簽約的經銷商想從格力拿貨，但卻沒有門路，剛好他認識董明珠的哥哥。於是就找到他，承諾如果事情辦成，會給他哥哥百分之二的佣金，這是一個不小的數目，他哥哥答應了。

董明珠接到哥哥的電話後卻猶豫了，她知道對身為部長的她，幫哥哥這個忙很容易，只需要一句話，而且也沒有違背公司的制度。但是董明珠最後還是拒絕了哥哥的請求。因為，她如果為親人謀利益，就會傷害到其他經銷商和合作夥伴的利益，這樣會有公平性偏差的問題，如果這股風氣蔓延的話，格力這個牌子就會受到污染。

董明珠的拒絕傷了哥哥的心，他甚至不再和妹妹來往。但是董明珠即使到現在依然不後悔，她這樣做是值得的：「我把哥哥拒之門外，雖然得罪了他，但我沒有得罪經銷商。」

不過，董明珠也多次對媒體說：「當我退休的時候，只要哥哥願意理解我，他就還是我哥哥。」

正是因為董明珠的努力，讓沉屙在身的格力電器獲得了一場「刮骨療毒」的治療，從此擺脫了停滯不前，企業管理也徹底走向穩定。從二〇〇一年開始，格力電器的銷售額從七十億、一百億、一百三十八億、一百八十二億，一直到二〇〇五年達到了兩百三十億元。同時，格力電器以一千兩百萬台的銷量超越了韓國品牌 LG，成為空調行業的世界冠軍。

管理者的「自律」，會讓自己成爲員工的榜樣。所以管理者要在每天的言行中做到「自律」，在員工面前樹立一個有成效的、負責任的形象，以實際的行動來引領團隊的進步。管理者的「自律」，必須做到：

一、把自己當作制度權威的忠實維護者，做遵守制度的模範。

二、學會自我監督，能夠獨立思考、工作。

三、爲目標的達成全力以赴。因爲員工都喜歡和對工作全心奉獻的人共事。

四、具有超強解決實際問題的能力。輕而易舉地解決掉別人無法解決的問題，這樣才能夠獲得更多員工的追隨。

打造員工的**腦袋**，就是打造老闆的**口袋**

Building a Brain,
Funding a Business

CHAPTER 16

關鍵的成本控制

Building a Brain, Funding a Business

要解決問題，首先要對問題進行正確界定。

只要弄清楚「問題到底是什麼」，

就等於瞄準了「靶心」。

否則，不是勞而無功，就是南轅北轍。

事實上，成本控制也一樣，

只要找到企業可以控制的成本中心，

就等於已經解決了一半的問題

找出企業的成本中心

著名的人力資源培訓專家吳甘霖博士曾說過：「要解決問題，首先要對問題進行正確界定。」

只要弄清楚「問題到底是什麼」，就等於瞄準了「靶心」。否則，不是勞而無功，就是南轅北轍。事實上，成本控制也一樣，只要找到企業可以控制的成本中心，就等於已經解決了一半的問題，一般來說，企業的成本中心主要有以下幾個：

一、製造業的原料也就是最重要的成本中心

對待這些產品，僅僅採購到物美價廉的原料是不夠的。由於原料在成本上的影響，所以，企業在產品設計上應考慮原料的選擇。製造業對於零件或原料來說就是分銷管道。原料必須與產品相配，但企業也必須對產品進行設計，使之與使用的原料相配。二者必須成爲一體，使原料帶來最優的產品性能，同時在製作和分銷的過程中，使原料的

成本保持在最低水準。在製造領域，企業長期以來一直在不斷努力控制成本，這也是管理的任務之一。在大多數行業，真正的製造成本在總成本中只占一小部分。因此要大幅削減成本，企業就需要在製造技術上取得真正的突破。

二、營業資金是重要的成本中心

它是最容易做到，也最有可能帶來有意義成果的成本區。這項工作被視爲重要的管理職能，而且需要有高層負責專職做這項工作。

此外，企業也會利用資金這項最昂貴的「原料」，向銀行籌措貸款。

一家美國大型食品加工企業，主要生產豌豆、番茄或玉米等季節性罐頭產品。幾年以前，這家公司一直是利用股本為自己籌措資金。但是，蔬菜只有在成熟時才能被加工成罐頭，除了那段時間以外剩下的一整年，都不得不待在貨架上。也就是說，股本變成了商品，並且有好多個月都處於閒置狀態。其實，這家企業本可以輕而易舉地獲得最低利率的銀行貸款，但是他卻沒有這麼做。因此，這個公司種植的蔬菜越多，它就越不賺錢——以至於最後幾乎被自己的成本壓力置於死地。

所以，正確的理財方式是仔細思考企業的經濟狀況，並採取相應的融資方式。

三、分銷是一個主要的成本中心

這項成本一般總是被人忽略，因爲分銷成本是由整個經濟流程中的所有企業分攤的，並且企業中的分銷成本在許多地方往往都是隱性成本，不是以某項經濟活動的合計成本來表示。比如，商品的移動和存儲其實是同分銷活動之中的兩個項目，但這些成本在許多名目中可能都是以「雜項」的形式出現。再比如在製造工廠內部，從完成生產到產品運送至顧客處，也會產生成本。這些成本包括貼標籤、包裝、儲存和移動成本。通常人們將這些成本視爲「間接製造費用」，沒有人會對這種活動負責，但運出工廠的存貨其實應該被視爲「流動資金」，它們的成本則被視爲「資金成本」。

每一個管理者都應該明白：企業及其經濟流程的成本中心在哪裡？在哪些方面真正值得對成本進行控制？也就是說，在哪些方面對成本上進行相對微小的改善，會對企業的總成本產生相當大的影響？另外，又該在哪些方面對成本進行大的改善，並且不會對經濟績效的總成本產生太大影響？只有這樣，才能算是一個合格的管理者。

預防為主，治療為輔

管理大師杜拉克在《永恆的成本控制》中說：「去除十磅的重量，比事前不增加它要困難得多。」所以有效的成本控制應該做到「預防爲主，治療爲輔」。

有句古訓「由儉入奢易，由奢入儉難」，說的也是這個道理。這就像是減肥，拼命運動流汗吃減肥藥，遠比從一開始就控制飲食要困難得多，成本也高得多。

節約使成本降低，結果既增加了利潤，也提高了企業競爭能力。美國鋼鐵大王卡內基就曾說過：「密切注意成本，你就不用擔心利潤。」在他的一生中，從未爲利潤擔心過，因爲他最注重的就是節約成本，省卻每一筆不必要的開支。卡內基在商界縱橫一生，他從來沒有忘記節約，一輩子堅持最低成本原則。

一八五〇年代，成本會計制開始在美國鐵路公司中最大的賓夕法尼亞公司實行。這種會計制度能保持準確的記錄，以便在經營、投資及人事等方面作出決策，核算成本耗費和收入情況，以便判明是否營利。卡內基是一個有心人，他認識到這個方法是做生意最基本的要訣，於是他在賓夕法尼亞的七年中，便認真學習並熟練掌握了成本核算知識。

在他後來從事鋼鐵業時，成本會計知識發揮了最大的效用，他也因此獲得了大量的利潤。在生產中，他靈活地運用成本會計知識，處處以最低成本衡量，使卡內基鋼鐵廠獲得了不菲的利潤，生產成效也大大提高。他的工廠在生產第一噸鋼時成本是五十六美元，到一九九〇年降為十一點五美元，這年他的獲利是四千萬美元。這一切都歸功於「密切注意成本，就不用擔心利潤」的經營哲學。

李．艾柯卡曾在自傳中寫道：「多賺點錢的方法只有兩個：不是多賣，就是降低管銷費用。」節約成本開支、降低產品售價，這是提高競爭力、改善經營效益的關鍵。

在企業經營的過程中，管理者要善於觀察，以確保成本上升的幅度小於收入增加的幅度；而在收入減少的情況下，則要保證成本下降的幅度大於收入減少的幅度。

CHAPTER 17

管理者要做最稱職的配角

Building a Brain,
Funding a Business

組織人員的搭配，

是影響組織運行效率的重要因素。

管理者應為組織的每個崗位配備適當的員工，

不僅要滿足組織目標的需要，

還要關注員工個人的特點、愛好和能力，

以便為每一個員工安排適當的工作，

讓每一名員工發揮出自身最大的能量。

做最優秀的協調者

最成功的管理者不一定是最優秀的業界先鋒，但一定是最優秀的中間協調者。

蘇聯研製生產的米格二五噴氣式戰鬥機，以其優越的性能廣受世界各國青睞。然而，眾多飛機製造專家驚奇地發現：米格二五戰鬥機所使用的許多零件，與美國戰鬥機相比都落後得多，但其整體作戰性能卻可達到，甚至超過美國同期生產的戰鬥機。造成這種現象的原因是：米格公司在設計時，從整體著眼考慮，對各部件進行了更為協調的組合設計，使飛機在起降、速度、快速反應等諸方面，都能超越美國成為當時世界一流的戰鬥機。

米格二五因各部分協調而產生意想不到的效果，這個現象被後人稱爲米格二五效應。

米格二五效應的意義是：事物的內部結構是否合理，會對其整體功能的發揮造成很大的影響。結構合理，就會產生整體大於部分之和的功效；結構不合理，整體功能就會小於結構各部分功能相加之和，甚至出現負值。

將米格二五效應引用到管理中，也就是我們在管理學中所說的協調管理。一家經營最成功的企業未必擁有素質最高、最優秀的員工，但一定具備最完善的協調機制，最合理的作業系統和最和諧的工作氣氛。

恩格斯講過一個法國騎兵與馬木留克王朝作戰的例子，故事與米格二五效應有異曲同工之妙：騎術不精但紀律很強的法國兵，與善於格鬥但紀律渙散的馬木留克兵作戰。若分散而戰，三個法兵打不過兩個馬木留克兵；若百人相對，則勢均力敵；若是千名法國騎兵則能擊敗一千五百名馬木留克兵……

實際上，恩格斯講述的就是協調作戰、協調管理的重要性。類似的故事在古代早已有之。

「田忌賽馬」的故事大家耳熟能詳。雖然田忌的三匹馬比齊王的馬都稍遜一籌，但由於孫臏所配置的比賽順序不同，結果轉敗爲勝。孫臏也因此得到齊威王的賞識，得到更寬廣的用武之地。可見合理配置資源，和權衡取捨的協調智慧，對作戰來說多麼重要。

管理企業也是同樣的道理。管理者不可能保證每個員工都是最優秀的，但要保證所有的員工都是齊心協力的。這樣一來，企業這個整體才是協調的、順暢的，而不是好幾股力量互相糾纏，抵消了大部分人的功勞。

松下公司創始人松下幸之助在協調管理方面有著深刻的理解。他認爲，一個人的智慧和能力非常有限，無論多麼努力勤奮，真正發揮出來的也只是微小的個體力量。靠一己之力，只能成就一些小事情，無法完成大事業。作爲一名企業管理者，想使企業發展壯大，就必須懂得發揮他人的力量，團結他人，集合眾智，凝聚力量。

組織人員的搭配，是影響組織運行效率的重要因素。管理者應爲組織的每個崗位配備適當的員工，不僅要滿足組織目標的需要，還要關注員工個人的特點、愛好和能力，以便爲每一個員工安排適當的工作，讓每一名員工在合理的分工中發揮出自身最大的能量。

發揮異性定律，事半功倍

有人說，和異性在一起工作總是會感到輕鬆愉快，不知疲倦。但這並不代表我們是好色之徒，而是包含著心理學的原理。

心理學家發現，這樣的心理效應在男性身上表現得往往會更明顯一些。這主要是因爲男性比女性更喜歡通過視覺獲得有關異性的資訊，如異性的容貌、髮型、膚色、身段等外部特徵，都很容易引起他們的極大興趣，並會對他們的感覺器官產生某種程度的衝擊，使他們感到心情愉悅。

吳霖是一家廣告公司的設計師，自任職以來，辦公室就只有清一色的男性同仁。吳霖的個性非常勤勞，他喜歡不斷地工作，不斷地發想新的設計理念。然而最近這兩年，他發現自己經常會莫名其妙地產生一種無聊感，而且白天很容易疲勞，創作與設計靈感也似乎逐漸枯竭了。

然而，一個月之前吳霖公司來了一位年輕貌美的美術學院女大生。吳霖發現，只要有這位女大學生在辦公室，他工作起來就特別帶勁，設計東西也特別有創意，而且還會莫名其妙地產生一種欣喜感。

吳霖的心理正是我們平時所說的性別激勵。

另外，心理學家還發現，男性在女性面前的表演欲比起女性在男性面前的表演欲要強烈得多，而表演欲望和表演行爲本身，就會刺激人體產生更多的神經傳導物質多巴胺。多巴胺是一種能引起人類興奮，且能夠增強動機的神經傳導物質，人體內的多巴胺水準正常增高，會使人感到活力無限和興奮不已。

同樣的道理，女性在男性面前也會有這種表演欲，只是沒有男性在女性面前的表演欲強烈而已。女性的表演欲也能在她們體內引起多巴胺的變化，使她們的興奮度提高，工作的活力增強。除了以上兩個方面以外，還有一個原因也不能忽視，那就是男女性格在諸多方面的確具有互補性，男女性一起工作，會更充分地表現出這種互補性。假如女人和女人在一起工作或男人和男人在一起工作，這種性格方面的互補比較不明顯，工作的效率也肯定會受到一定影響。

科學家還發現，人體向外釋放的費洛蒙非常容易被周圍的異性接收到，並對他們的行爲產生影響。除了心理和精神方面的因素以外，研究人員還提出了另外一種理由。一九七〇年代後期，科學家對費洛蒙的研究興趣日益增強，並發現了費洛蒙活動對人及動物行爲的影響規律。費洛蒙是透過分佈在人或動物的皮膚或外部器官上的腺體向外釋放的激素。這種激素一般都有明顯的氣味，而這種氣味又非常容易被周圍的異性接收到，並對他們的行爲產生影響。

「性別激勵」可歸結爲「同性相斥，異性相吸」的「異性定律」。

在一個群體中有男有女，和只有單獨一種性別，會有一些微妙的差別。無論男性或女性，在長時間從事某一單調工作之下，就會感到寂寞、疲勞、工作效率低下等。而當同一空間中增添了異性後，這種情況馬上會得到緩解，時間也感覺過得很快，工作輕鬆多了，而且效率特別高。

在工作環境中，如果企業能善用異性定律，可以讓許多事情達到事半功倍的效果。與異性在一起工作，有以下好處：

一、取長補短

男人一般性格開朗、勇敢剛強、果斷機智，不拘泥小節，不計較得失，行爲主動。女人相對文靜怯懦、優柔寡斷、感情細膩豐富、舉止文雅、靈活、委婉，性格比較被動。

男女在一起，能夠進行優勢互補，同時也容易發現自己的缺點，藉以完善自己。

二、增強推動力和約束力

人總是想在異性面前表現自己最好的形象，因爲得到異性青睞是一項巨大的動力。因此男女處在同一空間裡，就容易激發出各自最好的表現，各顯其能，發揮出最大的能力，同時也會生出一種內在心理約束力，規範自己的言行。

三、增強凝聚力

男女搭配，可以增強群體成員的感情依託、榮譽感和凝聚力，從而提高工作效率。

不過「異性定律」絕對不能濫用。女性外表漂亮，討人喜歡，如果再加上交往得當，在異性面前容易推動工作，這是正常的；但如果是爲了達到某一目的，用美色去引誘別人，就顯得有點不道德了。而男性對女性，尤指年輕漂亮的女性熱情些、客氣些無可非議，但把女性當作刺激，想入非非，讓人有「色眯眯」的感受，就超過限度了。

因此，在與異性交往的時候一定要掌握好分寸，在這個「分寸」之內，異性定律就可以帶來諸多好處，而一旦失了分寸，就得不償失了。

打造員工的**腦袋**，就是打造老闆的**口袋**

Building a Brain,
Funding a Business

CHAPTER 18

成功的陷阱

Building a Brain,
Funding a Business

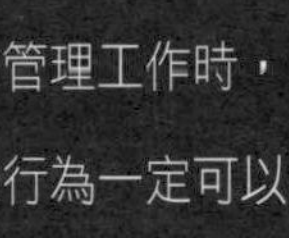

當管理者年復一年、
日復一日地重複著那些管理工作時，
是不是也會開始迷戀地認定這些行為一定可以
替企業帶來更多的利益和榮譽？
管理者的思想若無法超越已經形成的框架，
也就無法描繪未來的藍圖，
只會無休止地陷入眼前的困境。

迷信成功，小心落入陷阱

當企業主的成就達到某個程度，擁有了足夠的能力、自信和意願時，可能會開始變得迷信。

一位心理學家曾用鴿子做過一個有趣的實驗：一開始，只要鴿子一伸腦袋，他就會在鴿籠裡面放進一大把米。持續一段時間之後，他發現鴿子想吃米的時候，總是會拼命地扭一下腦袋，牠已經堅信扭動腦袋可以讓自己吃米粒。這時這隻鴿子已經「迷信」地認定，只要扭扭腦袋，就一定有得吃。

企業管理者當然比這隻鴿子聰明的多。可是當管理者年復一年、日復一日地重複著那些管理工作時，是不是也會開始迷戀地認定這些行爲一定可以替企業帶來更多的利益和榮譽？

過去日本的企業管理者就曾對自己的成功經驗有過迷思，儘管時代已經發生了巨大的變化，他們依然按照著過去的成功路徑在市場上競爭。最後的結果是：這些企業逐漸失去自己的影響力，最後改革的改革，倒閉的倒閉。

管理者的思想若無法超越已經形成的框架，也就無法描繪未來的藍圖，只會無休止地陷入眼前的困境。

一九九一年，當時蘋果電腦公司的總裁約翰·斯卡利在一次董事大會上描繪了十年後的前景，他斷定電子通信和電腦必將融合，並且電腦、媒體、資源和網路也將聯結在一起。當時在座的董事們都是一副難以置信的表情，非常不看好他隨後所提出的專案。

直到一九九八年，約翰·斯卡利的預言真的得到了證實，只不過他在一九九三年就被董事會解雇了。此後蘋果公司一路歷經波折，直到 iPod 風靡全球之後，才再度強大起來。那也是在蘋果公司的創立者史蒂夫·賈伯斯回歸重整業務之後，才讓蘋果復興。

當時蘋果的董事會成員只知道固守以往的成功經驗，對於約翰·斯卡利的新構想卻置之不理，導致後來蘋果的發展舉步維艱。

毫無疑問，企業管理者在既有的成功經驗下，當然做過很多正確的決策。正因爲是這樣，他們才會陷入迷信「成功」的窠臼，但是也許這一次的「迷信」，就犯下一個大錯誤，導致企業面臨危機，把自己推向懸崖。

山本谷美任職世界船王丹尼爾・洛維格位於日本分公司的油輪工廠總設計師時，就因為自己對成功的「迷信」而慘遭淘汰。

當時，批量化生產已經開始在工業領域中嶄露頭角，然而山本谷美還是按照第一次製造油輪的方式，遵循傳統方法沒日沒夜地苦幹。公司管理階層發現了這一點，對他提出善意的忠告，但是山本谷美根本聽不進去，依舊固執地堅守原則。

經過近一年的苦戰，丹尼爾・洛維格油輪製造廠的第一艘油輪終於誕生了。這艘油輪有著高貴的樣式，豪華的裝備，裝運的噸位也很大。但由於價格昂貴，加上長達一年的漫長製作和等待，根本沒有顧客上門。管理階層們再次強烈要求山本谷美採用新的生產流程，改變經營思路，但山本谷美堅持認為油輪就應該純手工製作，不肯接受任何改變。最後，丹尼爾・洛維格只好將山本谷美解雇。

其實，只要山本稍作改變，不再「迷信」過去的成功經驗，於人於己都將有利。

管理者總在不斷地告訴自己：「我已經是成功的管理者了。我之所以成功，就是因爲我一直以來做了正確的事情，所有只要堅持長久以來的做法。企業就會越來越好。」

管理者更要隨時保持高度警覺，跳出迷信成功的「陷阱」。

請經常反問自己：「這樣做是否真的能繼續成功?聽一下別人的意見會不會更好?是否比固守舊有的成功經驗更好?」

成功者切忌自欺

一個人越成功，他對做成某件事的意願就越強烈，也會表現得更加有決心。這當然是好事，但是隨著決心演變成巨大壓力時，又會讓人走向極端。企業的管理者同樣如此，在某個棘手的專案面前爲了顯示自己的工作能力，很可能會高估自己對這個專案的貢獻度，最後力不能及時，就只好「自欺」了。管理者的「自欺」，很容易讓員工看笑話，這也是對管理威信很大的削弱力量。

管理者習慣性地相信自己會獲得成功，因此對一些建議不予理會，這就是「自欺」。

有一家跨國合資的設備製造商，以差異化策略參與市場競爭，藉著高技術和高品質獲得了良好的市場形象。在經濟起飛時期，借助得天獨厚的外部環境獲得了很大的發展，迅速進入業界三強。就目前來看，它的市佔率和銷售額雖然略遜於其他兩家，但也是不遑多讓。

主管行銷的副總經理為了提高銷售額，彰顯自己的管理能力，便試圖用一些激進的措施。

副手提醒他：「想達到市場佔有率百分之三十，就目前銷售部門的實力很難做到，這樣做會不會太冒進了。」

他擺了擺手說：「怎麼會冒進，你沒看見我們的產品很受歡迎嗎？我們已經成為了業界第一了，憑我以往的銷售經驗，我知道我們絕對沒問題。」

副手聽到這番話後，也就不便再多說什麼。但是身為銷售部的資深員工，他自然清楚以企業目前的能力是不可能超越另外兩家對手的。即使副總經理有著多年的行銷競爭經驗也無濟於事。副總經理為了實現自己的「第一」，竟要求產品降價，讓公司進入了惡性循環的競爭環境中。

副總經理只顧著堅持自己的「降價策略」，忽視銷售增長率和市佔率已落後競爭對手的事實，最後主要競爭者不但輕鬆鞏固了市場的領先地位，連新進者也站穩了腳跟。這家公司面對今後更加激烈的競爭，只能不斷吞下自釀的苦酒。

管理者爲了自誇業績，而採取一些不理智的做法，會讓企業經營遭受重大損失。這種毛病很多企業管理者都會犯。管理者通常都會是個「野心勃勃」的人，在他的世界裡也許就只認定了「我一定會成功」。所以他們拒絕不和諧的聲音，殊不知這時已經是「自欺」了。

管理者認爲自己既然已經創造過很多奇蹟了，就一定還可以創造出更多的奇蹟。作爲一個有能力的管理者，自然能緊緊地抓住每一個湧向自己的機遇，來幫助企業更上一層樓。可是當管理者想狂傲地「迎風」時，這場「風」必須是自己所能承受的風；若是一場「颶風」，管理者就會被捲走。

有一位歐洲的企業高層，他管理的是企業的員工服務組織，負責員工的心理和生活問題。

他的人緣非常好，員工來向他尋求幫助的時候，他從沒有想過拒絕。

無論遇到什麼難題，他都會提醒自己：「我一定會成功的。」

這種心態讓很多的員工尊敬他，但慢慢地也為他帶來了很多的困擾。他的「不拒絕」，讓他不得不去處理一些自己能力之外的問題，為此他心力交瘁。他的員工開始不信任他了，若他再不調整這種因長期成功而養成的「自欺」心態，他就會變得極度疲憊，員工就會疏遠他，整個團隊的凝聚力就越來越弱。

管理者的「自欺」，其實是成功後的一種幻覺。這種幻覺會讓成功者放大自己的能力，讓自己過度自信，導致工作中的風險和挑戰被暫時忽略掉。只要管理者在成功後避免「自欺」，就可以打破幻境，看清事情的本來面目，並且有勇氣用新的管理來服務企業、服務員工。

戒掉頑固的本性

很多成功人士身上似乎都能看到一個特點：只有當事情符合他們自己的利益時，他們才會去做，包括改變他們的行爲。他們已經習慣了在做出選擇前，先觀察風險和回報，然後還會問自己：「這樣做對我有什麼好處？」

管理者在一定程度上來說也是成功人士，他們的成就同樣也固化了他們的思維方式。在做一件事情前，他們總是喜歡從投資者的角度衡量價值。在他們的心目中，過去是可以保證未來表現同樣出色的籌碼。這種心態就像是經過訓練的肌肉，會不斷地膨脹。尤其是在管理者取得一連串的成功之後更是如此。而他們在企業取得自己的成就之後還會形成一個巨大的保護殼，這個保護殼讓他們自豪，所以他們會一直守著，然後固執地認爲：「我做得對，其他人都是錯的。」

這些都是管理者強有力的自我防禦。說得通俗點，這就是他們的「頑固之處」。員工告訴他「你的做法讓很多人對你有成見」根本沒用，他已經不關心別人的想法了。因爲除了他自己之外，所有的想法都是錯的。唯一的辦法就是由管理者自己戒掉「頑固」的本性，逼迫自己做出改變。

約翰在銷售部門裡地位很高，他的能力相當出眾，為人也很正直。但他的最大缺點就是太過固執己見，當然也正因為他有主見、敢創新，讓他爬到了今天的位置。他坐上管理的位置後不久，他的主見就成了他的麻煩。他在與員工開會的時候總要糾正他們的想法，並且堅持認為自己的方案比他們更好。

自從約翰當上了銷售部主管之後，業績始終沒有太大的提升，這讓約翰不得不自省，若他再不做出改變，可能很快就要離開管理的位置，因為他必須為「頑固」所引發的後果買單。

當然，管理者要戒掉「頑固」的本性需要時間。因爲管理者自身需要改變的並不多，有些改變在過往的經驗中或許正是他們最不能改變的，而在新形勢下，他們又不得不拋掉既定經驗做出改變。這樣的「改變」，就需要很長時間的緩衝。

某大型空調企業所生產的空調系統在高緯度地區非常受歡迎。該企業之所以能夠穩穩地在高緯度國家站住腳，都是技術總監的功勞。否則在激烈競爭下，一般企業想「脫穎而出」是很難的。因為這位技術總監在設計空調葉片的時候故意做得比其他標準的空調葉片小一些，這正是抓住高緯度國家對空調需求特點：北方的夏天沒那麼熱，人們對空調消暑的要求就沒那麼高；另外葉片小一點也可以省電。因此該企業的空調賣得非常好。

然而，二〇〇五年以後，隨著全球均溫不斷升高，北方的夏天變得越來越熱，夏季時間也越來越長，因此該企業的空調市佔率變得越來越少。

技術總監之前一直固守著自己的「創舉」，認為那項獨特的做法讓企業變強，已經是最大的成功經驗，當然必須繼續保留。

直到他終於看到銷售出現一些小問題，他才決心進行新的政策改變。但他始終沒有想過要調整空調葉片，他認為「葉片」一直是企業的「優勢」。一年後，當他發現新空調並沒有替企業帶來轉機時，這才終於意識到自己不能再頑固下去了，他要再一次調整空調的葉片。這一次，他設計空調的時候又把葉片做得比標準空調的葉片大些了，因為北方的夏天近幾年甚至比南方還要熱。就這樣，企業又開始回春。

管理者在企業裡有了一定的聲望、金錢和地位的時候，就很容易變得「頑固」。這些頑固的本性最初可能的確是他們上位的法寶，但漸漸地轉變成他們上進的絆腳石。管理者想真正地管理好企業，就應該戒掉「頑固」的本性，重新積蓄「改變」的力量。

打造員工的**腦袋**，就是打造老闆的**口袋**

Building a Brain,
Funding a Business

CHAPTER 19

管理者的殺手

Building a Brain,
Funding a Business

當管理者發現員工過於依賴自己的時候，
管理者該提出自己的感受，委婉透露給下屬，
讓員工知道到底應該怎麼做。
這樣大家也許就會明白哪些工作能獨立完成，
哪些工作需要與管理者確定。
這其中的分寸，管理者應該能把握住，
這也是管理者職責所在。

寫給員工的『備忘錄』：怎樣和我相處

如果每個管理者都懂得對員工發出警告，諸如：「聽著，我不喜歡打小報告的人，如果你喜歡向我打小報告，不管真假，我都會對你大發雷霆」、「不管你的想法有多好，我都可以挑得出缺點，如果你夠聰明，就不應該耿耿於懷，繼續你的想法。不然，我對你的評語會更不好」等等，這樣一來管理者與員工之間出現分歧和摩擦的機會更少，辦公室的氛圍就能更和諧。

管理者給員工關於自己個性的「備忘錄」，有利於自己和員工之間的溝通。

一位白手起家的企業家平時工作非常忙，因為疲勞的關係，他脾氣也十分暴躁，常常會因為一點點小問題而對員工火冒三丈。所幸他很瞭解自己的脾氣，曾戲稱自己發脾氣來得快去得快。據說有很多員工都曾經被他罵哭過，可是他總是很快便恢復鎮定，然後對員工說：「我並不是針對你，我只是非常生氣，一會兒就過去了，忘掉這件事吧，我向你道歉。」

顯然他是個聰明的管理者，懂得讓員工知道自己並沒有惡意，並且告訴他們應該忘掉自己剛才發火的表現。他總會在員工面前提出自己脾氣暴躁的缺點，員工也總能在他發完脾氣後繼續工作。

管理者給員工一份與自己個性相關的「備忘錄」，不僅能夠更加認識自己的不足，員工也能夠與管理者合作無間地配合。但有些時候，管理者的自我評價和下屬的看法存在很大的差異，這個時候該怎麼辦呢？

很多時候管理給員工這類「備忘錄」，員工總會認爲這些只不過是一時興起。譬如一位經理認爲自己爲人公正，從不偏袒下屬。他給了員工一份備忘錄，意在警告員工，明確表示自己不喜歡拍馬哈腰的下屬，他要求員工靠業績證明自己。可是在他的員工眼裡，事實恰恰相反：他非常厭惡事事挑戰自己的人，總以爲員工業績太好會威脅到自己的領導地位，而且總會不時地獎勵那些對自己順從的員工。這樣的備忘錄虛有其表，只會是一個笑話，讓員工離他越來越遠。

還有一種備忘錄也是毫無意義的。

一家能源公司執行長，喜歡強調細節的個性甚至到了過分的程度。他會花大把的時間用在糾正語法和標點符號上面，只要一看到秘書送上來的檔案，第一個動作就是拿起紅色簽字筆檢查語法錯誤，他總會告訴員工「這個很重要。」很快地，企業所有的員工都知道想在執行長面前留下好印象，只要注意語法和標點就行了。

如果這位執行長不改掉這種的習慣，公司很快就會因為他的習慣而引發變化，所有的員工通通變成語法專家，工作上的事情反倒沒有人會認真了。

這位執行長給員工的備忘錄就是自己對細節的苛求，員工認為這樣的備忘錄有點愚蠢。用這種方式來管理一家公司和判斷一個員工的能力，實在太過主觀。看看員工是怎麼說的吧：

「年薪五百萬，這個校稿編輯的工作果然是錢堆出來的。」

「那支充滿魔力的紅色簽字筆，什麼時候才會寫乾呢？」

「我們又要被改作文啦。」

執行長在企業終於衰退時才明白，總是著眼在語法錯誤這種行為，純粹是浪費時間。身為一個企業管理者，他注重的只是那些可笑的細節，而真正重要的事情他卻始終沒有重視。他知道自己對語法細節的苛求已經開始影響到員工了，這種危險的效仿，為企業帶來了危機。

管理者給員工一份「如何跟我相處」的備忘錄，是一項自省的練習，也是一種和員工對話的管道。值得注意的是，管理者的備忘錄首先必須坦誠，然後保證員工相信你的話，最後就是內容必須有意義。只有這樣，才會大起功效。

不要讓員工過分依賴你

管理者掌握公司專案的生殺大權，幾乎可說是控制一切；可以讓一個專案生效，也可以讓一個專案停擺；可以控制會議的時間地點和進度，也可以提攜或開除任何一個員工。管理者不需要對員工負責，是員工必須要向管理者報告。

慢慢地，員工習慣依賴管理者，因爲只有從管理者身上得到肯定之後，才能安心工作。某些員工甚至會以每週與管理者面談的時間長短，來衡量自己在長官心目中的地位。看起來員工的依賴性強弱，對管理者建立一支強有力的團隊，的確有催化作用，但是越來越多的依賴卻會替管理者帶來麻煩。

身為頂級時尚雜誌主編的薇薇安，是一位自我管理極強的女士。她能夠適應高強度的工作壓力，也能夠照顧好兩個孩子。在員工的心目中，她是一位完美的上司，在孩子的眼裡，她是一位完美的母親。她顧全大局，公正處世，能與員工暢談心事。

可是漸漸地，她感覺到了身邊的麻煩事越來越多。身為一位慈愛的母親，她總會在六點半之前回到家陪伴孩子，可是現在她幾乎每天晚上都要到九點半左右才能回家。她十分熱愛自己的工作，所以經常因為公事而延遲下班，屬下們太依賴她了。

在公司裡，她提倡員工們必須放開心胸，隨時隨地都可以與她展開交流，員工也很願意與溝通。漸漸地員工與她的交流時間越來越多，而這讓她變得非常繁忙。總有員工在下班後要求與她面談，導致她離開辦公室的時間越來越晚。

「我想和你談一下。」一位員工下班的時候走進她的辦公室。

「好的，你說吧。」她總是答應的。她為了想做好管理責任，一切竟逐漸失去控制。她希望能解決這個麻煩，但她當然不能從此不與員工交談，因為這樣員工就會覺得被忽略。可是她又必須讓員工獨立，讓自己的管理著眼於大方向。於是她將中階管理者召集起來，討論兩個問題：

一、請大家分析自己的職責，然後告訴我你們所負責的權責範圍。讓員工們知道哪些時候可以不來麻煩我，而應該麻煩你們。我要給你們更多的責任，你們要主動大方地承擔。

二、請大家問一下部門裡的員工：哪些工作可以不經過我就獨自完成？我是不是參與了太多的細節？你們應該想辦法讓下屬更獨立。

薇薇安對中階主管們提出了這兩個問題之後，他們也各自進行了反省，把她的想法轉達給基層員工，並且員工們也努力做出改變。過了不久，薇薇安終於又可以在六點半之前回到家了。

當管理者發現員工過於依賴自己的時候，不妨借用相同的辦法。當員工佔用管理者太多的時間時，管理者就應該提出自己的感受。委婉地透露給下屬，讓員工知道到底應該怎麼做。這樣一來大家也許就會明白哪些工作可以獨立完成，哪些工作需要與管理者確定。這其中的分寸，管理者應該能把握住，這也是管理者職責所在。

五個喬丹 ≠ NBA總冠軍

很多管理者都希望員工跟自己一樣，擁有相同的智商，相同的工作熱情，相同的工作方式。管理者認爲如果企業裡到處都是像他這樣的人，專案就肯定會按照自己的想法迅速正確地完成。但是，若每個員工都是照著管理者的表現所複製出來的複製人，那麼這個組織要怎麼發展出多樣性和創造性？

一群「複製人」在一起工作，是無法保證組織的團隊作業流暢。就像一支籃球隊裡面不能五個都是喬丹，必須有睿智靈敏的後衛，基本功扎實的中鋒等等。若五個都是喬丹這樣的球員，看起來雖然吸引人，卻很難成爲一支強大的籃球隊伍。

很多管理者也意識到了這一點，於是他們不會只雇用那些和自己相似的人；但有些管理者似乎沒有想通，需要有人隨時提醒：「下屬們的想法可不是完全跟你相同。」

史帝夫是一家大型服務公司的執行長，他是一位以身作則的上司，總是盡量身體力行，讓員工們接受自己的價值，並以此為榮。他認為自己才是公司價值觀的代表人物。

但從員工的反應來看，雖然他們很高興能與這樣一位精明能幹的上司共事，但他們覺得史帝夫有許多做法幾乎等於扼殺了整個組織開放溝通的氛圍。因為他有點言行不一。

但史帝夫聽到這些說法卻不以為然，他甚至覺得非常好笑。他說：「我的確有很多毛病，但我從來不阻止員工們公開討論，我在大學的辯論賽中曾經得過冠軍呢！」

問題就出在這裡，每當員工走進史帝夫的辦公室跟他討論想法的時候，他總以辯論的方式來反駁。而員工自然就認為自己的想法被否定，只能閉嘴。只有史帝夫一廂情願地認為自己是在與員工進行「開放式」討論。

更糟糕的是，他還經常進行自我否決。

比如當有員工提議：「為什麼不試試這個呢？」史帝夫當下就贊同了，還鼓勵所有員工執行這條建議。但到了隔天，他經過一夜與自己辯論之後，又推翻了原先的決定。

他跟員工說：「我想昨天的那個提議並不好。」其實他認為，自己只不過是隨時抱

持著開放的心態，但在員工眼中，史帝夫的行為根本就是出爾反爾，言行相悖。

許多管理者都會像史帝夫一樣，認爲下屬和自己興趣相同，都喜歡在辯論中展現出自己開放的態度。

「我只習慣員工這樣對待我，所以我也習慣這樣對待員工。」

史帝夫想利用辯論來達到開放式討論的目的並沒有什麼不對，他也只是在表達他自己的觀點，員工也可以在他面前表達他們的觀點，然後互相進行有益的辯論。可是史帝夫忘記了他是管理者，而辯論必須建立在地位平等的前提下才行，但他的地位在員工的眼裡就是相對較高的，因此那從來就不是一場公平的辯論會。史帝夫在確定要與員工進行辯論的時候，員工就已經落敗了。

他們必須強迫自己接受史帝夫的觀點，因此也早就失去了辯論的意義。只有史帝夫一廂情願的認爲員工和自己一樣，都喜歡辯論。

實際上，團隊成員並非都跟他一樣喜歡辯論，大部分員工還是喜歡溫和的討論方式。他的辯論管理風格並不成功，因爲史帝夫並不是在管理一群和自己一樣的員工。

管理者要在史帝夫身上吸取教訓，就要明白一個道理：自己喜歡的事情，員工不一定喜歡。假如你也喜歡辯論，就要認真留意自己的辯論衝動。當你發現員工明顯處於劣勢時，就要遏制住這種衝動；你還要爲自己的習慣向員工道歉；注意在公開討論時要讓員工表達自己的觀點，並在提出質疑之前反覆斟酌。

對於管理者來說，始終要明白的事情就是：員工的想法很可能與你迥然不同。

CHAPTER 20

化解衝突小撇步

Building a Brain, Funding a Business

儘管團隊已經界定好每個崗位的職權和責任，
但團隊工作是處於各方不停發展的狀態，
也可能經過一段時期後而變得過時。
團隊發展越快，業務範圍越廣，
職責不清造成的衝突就可能越嚴重。
無論是哪種衝突，對於管理者而言，
最好的解決辦法是在衝突發生之前將其扼殺。

把衝突扼殺在搖籃裡

企業中同事朝夕相處，相互之間摩擦在所難免。有的衝突看得見，有的衝突卻是看不見的，管理者注定要面臨各種各樣的矛盾和衝突，必須將他們一一化解，才能保證團隊的高績效。

一、管理者和團隊成員之間的衝突

通常當管理者和團隊成員之間存在著不同的標準與期望時，就會產生一定的衝突。管理者希望團隊成員能儘快地完成工作，而成員們卻認為這樣的要求太過嚴苛也太不合理了，這時管理者就會變得很沮喪，也十分惱火，覺得莫名其妙。另一方面，員工們的需求總是有各種形式，而管理者能夠滿足的只是有限的一小部分。

二、團隊成員之間的衝突

由於不同的期望、角色、個人經歷、目標、對任務的理解和資源有限等因素制約，團隊成員之間的衝突一般總是大量存在的，但領導者切不可「視而不見，聽而不聞」，不可用掉以輕心的態度去對待這些衝突。

當團隊內部發生了衝突時，首先要對衝突的性質進行仔細分析，然後針對問題一一加以解決。人與人之間的衝突，可以採用以下方法來處理：

協商解決，又叫交涉與談判。主要由發生衝突的雙方出面協商解決衝突，澄清差異，求同存異，謀求共同的解決方法。當捲入衝突的雙方都受過解決問題的技巧培訓，又都有著共同的目標，而衝突原因只是雙方缺乏交流，或是因爲誤解時，這類方法非常有效。不過，這個方式對價值觀不同或目標各異的人就沒有用了。

迴避。如果衝突起因只是瑣碎小事，且缺乏雙贏協商的管道，或者衝突帶來的潛在利害關係得不償失，那麼就可以採取暫時的迴避來淡化衝突。這種方法的不足之處是只能暫緩人們直接面對面衝突，而無法主動化解。

折衷解決。雙方都放棄一些應得利益，以求共同實現工作目標，承擔衝突責任。折衷法的有效範圍是妥協，使雙方都獲益，這就不需要所謂理想的解決方案，只需要爲複雜的問題找個暫時的解決方案，且雙方力量旗鼓相當。不過，這個方法會導致大家都有所損失，妥協不是可以達成最佳解決的方案。

三、工作進度與計畫的衝突

當制定出工作計畫並把任務分配給個人之後，領導者必須經常檢查工作進度，看看是否能按時完成任務。有時由於個人的原因或是其他種種不可預測的原因，會使工作進度受到延誤，這就造成了進度與計畫之間的衝突，如果解決不當，則可能直接影響團隊的績效。

有任務配置而無定時檢查，是管理者失職的表現。所謂檢查下屬的工作，主要是檢查對計畫、部署和任務的落實情況，看下屬是否準確迅速、積極主動、卓有成效地完成應該完成的各項任務，這是檢查工作的主要目的和內容。檢查工作不是一件單一的獨立事件，也是搜集資訊、培養團隊接班人、跟進工作、提高自身領導素質的重要管道。嚴肅認真地檢查工作，一方面可以有效查出問題的根源，另一方面也可以增強團隊成員的事業心和責任感。

研究表明，管理者雖然有時表現爲組織，有時表現爲指揮，有時候表現爲協調，但更多的時候表現爲指導。從某種意義上說，領導水準就是指導水準，團隊管理者只有不斷提高自己的指導水準，科學地指導工作，才能緩解或消除工作進度與計畫的衝突，提高團隊的工作效率和隊員的素質。

四、團隊方向與目標的衝突

當團隊在運作過程中發生了方向的轉變，從而導致與最初的奮鬥目標發生衝突時，如果處理不當，將會直接導致團隊運作效率的下降、凝聚力的減退，甚至會使團隊因看不到未來而瓦解。當這種情況發生時，領導者可採用以下四種措施來進行補救。

調整團隊方向：如果團隊領導者對於最初制定的目標持肯定態度的話，那麼現在要做的就是儘快調整團隊的方向，使之向目標靠攏。這必定會有一定的難度，因此需要做好團隊的溝通協調工作。

預知並影響變革：團隊管理者要密切注意並預測環境的變化，與團隊一同擬訂變革計畫。隨著團隊的成長與變化日益加劇，領導者身上的責任也愈來愈重要。鼓勵團隊以服務爲中心，努力改善工作流程與方法，使團隊發展適應社會環境的變化，重新制定奮鬥目標。

由團隊自己做決策：當團隊方向與最初的目標不一致時，領導者可以放棄原來掌握在手裡的決策權，並將之交到團隊手中，讓團隊自己決定該繼續走下去還是調整方向。這可以培養並提高團隊做決策的技巧、達成共識，並使凝聚力有所提升。

五、權衡得失

管理者的另外一項任務，是在衝突發生時權衡當前的和長期的利益，協調當前的和長期的要求。即使不能完全達成協調，至少也必須取得平衡。團隊管理者必須計算一下爲了當前利益而修改團隊目標所做出的犧牲，以及爲了既定目標而修改團隊努力方向所做出的犧牲。領導者必須將這兩方面的犧牲減少到最小，而且必須盡快彌補這些損失。

無論是哪種衝突，對於管理者而言，最好的解決辦法一定是在衝突發生之前產生的方法，那就是要將衝突扼殺。防患比治癒重要得多，因此管理者要善於觀察團隊各種動態，善於採集和分析各種資訊，善於敏銳地感知各種潛在風險，從而在衝突發生之前消滅衝突。

找到衝突的源頭

團隊最重要的存在目的就是爲了融合不同的意見，「如果兩個人的意見永遠一致，就表示其中有一個人是不需要的。」青箭口香糖執行長小威廉・萊格禮如是說。

只有當團隊認識到衝突不可避免，此時減低衝突的負面效果，激發衝突的正面效益，妥善處理衝突，才能成爲一個高效率團隊，這也正是高效率團隊的顯著特徵。

衝突的存在是團隊內部的普遍現象，因爲有些人要求工作具有高度的穩定性，另一些人則希望工作具有挑戰性。歸納衝突產生的原因，有以下幾個方面：

一、對稀有資源的爭奪

團隊內各部門都需要設備、人員、補給品以及其他資源。來自團隊各部門需求的總和，通常遠遠超過其所能得到的資源總量，因此便會產生相互爭奪。在團隊用於開拓市場的資金固定的情況下，如果甲產品得到較大的重視，乙產品得到的重視就會較少，於是兩方產品負責人就會出現緊張的關係。另外人力在團隊內部也是不充裕的，尤其是高素質的成員，如果一個部門高素質員工多、效率高，部門的擴展就會較快。這時，如果人事雇傭存在限額的話，自然就會產生對高效率員工的爭奪。

二、人為創造的衝突

在分派團隊的工作任務時，可能因爲需要不得不設計出一些會造成衝突的工作。比如把品管和生產劃分開來，有時就會產生衝突。與生產有關的人當然不會反對可靠的品質、快速的服務、低成本。而單獨設立品管的目標，就是因爲他們必須具有獨立檢查的能力。但是當品管人員提出反對時，生產部門卻可能會跳起腳來，這是不可避免的衝突。但若因此能夠保證產品的品質，這也是必要的衝突。

許多技術人員的工作也有造成衝突的傾向。例如，某位工程師的任務是設計一種更經濟的生產方法。但因爲新的生產方法初期常常難以實施，品質可能也無法保證，加上生產線上員工們原有的社會關係被打亂，就可能會抵制這種變化。另外負責監控生產的人員，並不只關心新方法對生產成本的影響，他還必須關心各個不同目標的順利實現，如雇員的態度、品質、設備維修等等。所以監控人員對新的生產方法也會採取謹慎態度。

這樣一來我們可能會發現，當這位工程師正熱情地執行任務時，所有相關人員卻都在扯他的後腿。

三、分歧的目標

許多時候，團隊衝突來自於各自之間的目標存在差異。生產部門樂於接受定型的生產任務，而銷售部門則希望產品多樣化。同一團隊內的不同員工，由於對市場調查的資訊掌握不同，因而對開發市場也有不同看法，甲想以改進產品的品質來幫助公司得到更多利益，乙卻想要看到公司因爲價格降低而得到更多好處。這必然引起衝突。

四、權責劃分不清

團隊內部經常因爲任務到底應該由誰負責，存在著不同看法，甚至因此產生衝突。由於權責劃分不清，使得成員對工作互相推諉或者爭相插手，衝突由此產生。

五、個人的素養和經歷

團隊是由不同的成員所組成的，這些成員在知識、態度、經驗和觀點等方面都存在差異。而差異的存在必然導致團隊成員之間發生衝突。每個人對周圍世界的感受都是不一樣的，人的「感覺」就像獨特而有個性的篩檢程式，透過它把每一件事解釋爲主觀的現實，而這通常會導致誤解、困惑及衝突。

六、組織系統的缺陷

團隊組織的重要功能就是要有明確的分工。爭執從高層到基層都可能出現，儘管團隊已經界定好每個崗位的職權和責任，但團隊工作是處於各方不停發展的狀態，再好的職務分配，也可能經過一段時期後而變得過時。團隊發展越快，業務範圍越廣，職責不清造成的衝突就可能越嚴重。

做一名公正的法官

有人的地方就有江湖，有江湖的地方就有爭鬥。競爭在社會中很普遍，組織成員之間當然也有競爭。正常的競爭能促使成員積極向上，奮發圖強；但如果片面強調競爭，卻不注意處理相互合作的關係，就可能會引起成員間的衝突。

在調解衝突之前，管理者首先要做好周詳的調查工作，分清衝突的性質，搞清楚衝突產生的原因是利益之爭還是觀點分歧，是誤會還是感情糾葛，然後才能對症下藥。否則糊塗官斷糊塗案，只會弄巧成拙，更加激化衝突。

一、公正平等

管理者在處理與下屬之間的關係時要公平合理，不偏不倚，同時也要平等待人。如果管理者由於地位權力的優越，不尊重下屬，甚至輕視下屬的人格，並總是以高人一等的身份出現，盛氣淩人，那麼久而久之，衝突是在所難免的。

在仲裁衝突時，管理者應該以公平的面貌出現。如果過於偏袒一方，被偏袒者自然會擁護你；可是在另一方心裡，你將不再具權威，他對你的裁決將會產生成見，從而爲將來的衝突留下隱患。所以「公正」是管理者在處理衝突時最起碼的原則，尤其是調節利益衝突時，更需要如此。

二、充分調查

下屬之間的矛盾衝突往往是事出有因的，因此作爲管理者在處理此類問題時，既不能出於個人的好惡，也不能偏聽偏信，更不能單憑想像或經驗就自以爲是，隨便決斷。正確的做法是要先做好調查，在對事實全盤瞭解，弄清楚衝突的內在原因，雙方應負擔的責任等，然後再做出應有的決定。這樣才能做到公正合理。

在調解衝突時，最好分別瞭解情況，避免對立雙方碰面，以致激化矛盾。如果發現是誤會時，最好讓對立雙方碰面，當面闡述理由，以便使雙方有機會互相溝通、交換資訊，有時候根本不需要管理者調解，雙方在互相理解之後，誤會自然地就會消失。管理者如果能有耐心，冷靜地聽取各方意見，那麼當他裁決之後，不利的一方也會心平氣和地接受他的意見，並樂於服從。

三、維護大局

現代企業分工精細，卻也因此帶來了一個不可避免的缺陷，就是各個專業分工者之間缺乏相互瞭解，下屬成員往往只對分內工作熟悉，而對其他環節知之甚少。這種局限正是本位主義的根源，是局部利益衝突的原因。當這種利益衝突發生之後，管理者應當讓衝突的雙方站到一個更高的角度，全面瞭解整個組織的運作過程，讓他們同時也熟悉其他領域裡的情況。

四、促進理解

在局部利益的衝突中，衝突雙方所犯的錯誤多半都是因爲只考慮到自己，以自己爲中心，而不能體諒對方。要讓他們互相瞭解、體諒對方的最好辦法，莫過於讓他們各自站在對方的立場上思考，交換雙方的位置是解決感情衝突的靈丹妙藥。

某推銷員去會計室取款，因會計動作太慢而惡言傷人。會計一怒之下拒不付款，就這樣發生衝突而影響到了工作。

解決辦法是雙方都各讓一步，推銷員向會計取款，會計迅速付款，並檢討自己藉公務報復的錯誤。但如果要使雙方都心甘情願地讓步，最好的辦法就是讓雙方交換立場。

對推銷員提問：「如果你是會計，對方用這種粗魯的態度對你，你有什麼感想？」對會計問：「如果你是推銷員，急著拿錢去付給客戶，你急不急？」

孔子說：「己所不欲，勿施於人」，設身處地，從他人角度看問題，雙方就能相互諒解，並很快意識到各自的錯誤。

五、適當勸導

下屬之間在發生衝突後，內心一定很苦悶，有許多疙瘩沒有解開。在這種情況下，管理者如果能及時找他們談談，即使有些問題一時難以解決，也可以暫時緩解矛盾、減輕鬱悶。在勸導時，要有真誠的態度，不要有應付了事的想法。管理者的勸導內容要真實可靠，給人誠摯可信感。勸導者的外表神態、講話的信心及技巧等，都會成為真摯感的因素。比如口氣堅定，語言流利，目光集中，外貌端莊，舉止文雅，都會增加對方的可靠性和真摯感。

六、曉以利害

管理者對下屬固然應採用曉之以理、動之以情、導之以行的辦法進行說服，但另一方面也應該曉以利害，恰當地運用恐懼的提醒，以達到預期的效果。當然，在使用警醒法時也應該剛柔並濟，以說服的方式給予教育，兩者相伴使用。人人都有自尊，都需要社交和發展，如果能夠巧妙地利用人的需要，講清楚矛盾衝突對雙方利益的損害以及對工作可能造成的損失，對前途的影響等等，就會產生正向的力量。

七、控制氣氛

在進行調解時，首先要緩和氣氛，這時選擇的場合與時機都很重要。想真正解決衝突並非一定要在會議上，有時在餐桌上、俱樂部、家裡的客廳等地方效果反而會更好。在氣氛比較嚴肅的場合裡，衝突的雙方都會處於緊張狀態，時時帶著防備心，一被戳到痛處，就會立即劍拔弩張以致激化衝突；但若處在氣氛比較輕鬆的場合中，衝突的雙方不帶防備心理，比較容易傾聽對方和調解人的意見，也比較容易互相諒解。另外，作爲衝突的仲裁者，也不應板著像法官一樣的面孔，用一副公事公辦的口氣說話。適當的幽默，在某些場合有利無弊。

其實有些感情衝突不需要調解，隨著事情的冷卻，當事人頭腦清醒後，衝突會自然緩和，甚至消失。在衝突發生之初，雙方都會很激動，立即調解往往收效甚微，搞不好還會火上加油、弄巧成拙。在這種情況下，最明智的辦法是暫時將雙方分開，不要彼此接觸，使他們情緒冷靜，之後再進行調解。

團隊出現衝突時，管理者的處理方法和態度很重要。尤其當衝突發生在組織成員之間，需要一個審判官來爲衝突進行定論時，管理者就會成爲組織成員所關注的焦點。該採取何種態度和方式，如何做到公平和合理，將是管理者的一大考驗。因此管理者在解決衝突的過程中一定要拿捏好分寸，避免因爲解決的不當而造成新的衝突。這才是真正最忌諱的狀況。

▶ 打造員工的腦袋，就是打造老闆的口袋（讀品讀者回函卡）

■ 謝謝您購買本書，請詳細填寫本卡各欄後寄回，我們每月將抽選一百名回函讀者寄出精美禮物，並享有生日當月購書優惠！
想知道更多更即時的消息，請搜尋“永續圖書粉絲團”

■ 您也可以使用傳真或是掃描圖檔寄回公司信箱，謝謝。
傳真電話：（02）8647-3660　　信箱：yungjiuh@ms45.hinet.net

◆ 姓名：　　　　□男　□女　　□單身　□已婚

◆ 生日：　　　　□非會員　　□已是會員

◆ E-Mail：　　　　電話：（　）

◆ 地址：

◆ 學歷：□高中及以下　□專科或大學　□研究所以上　□其他

◆ 職業：□學生　□資訊　□製造　□行銷　□服務　□金融
□傳播　□公教　□軍警　□自由　□家管　□其他

◆ 閱讀嗜好：□兩性　□心理　□勵志　□傳記　□文學　□健康
□財經　□企管　□行銷　□休閒　□小說　□其他

◆ 您平均一年購書：□ 5本以下　□ 6～10本　□ 11～20本
□ 21～30本以下　□ 30本以上

◆ 購買此書的金額：

◆ 購自：　　　　市(縣)
□連鎖書店　□一般書局　□量販店　□超商　□書展
□郵購　□網路訂購　□其他

◆ 您購買此書的原因：□書名　□作者　□內容　□封面
□版面設計　□其他

◆ 建議改進：□內容　□封面　□版面設計　□其他
您的建議：

剪下後傳真、掃描或寄回至「22103新北市汐止區大同路三段194號9樓之1讀品文化收」